国家职业技能等级认定培训教材

高技能人才培养用

U0566903

调饮师职业培训教程

国家职业技能等级认定培训教材编审委员会 组编

主　编：费　璠　周爱东

副主编：骆　辉　姚思夷　张卓异

参　编：胡　松　方　璐　廖　伟

　　　　袁　珍　毛　俊　蔡翔宇

顾　问：刘　旸　苏卫华

机械工业出版社

CHINA MACHINE PRESS

本书依据《国家职业技能标准　调饮师（2023年版）》的要求，按照标准、教材、试题相衔接的原则编写。本书介绍了调饮师应掌握的技能和相关知识，主要内容包括调饮师职业概述、现制饮品基础知识、饮品服务、饮品制作、设备及器具、饮品评测，并配有模拟题及参考答案。

　　本书理论知识与技能训练相结合，图文并茂，适用于职业技能等级认定培训、中短期职业技能培训，也可供职业院校、技工院校相关专业师生参考使用。

　　本书配套学习资源，可登录天工讲堂，搜索"调饮师"获取。

图书在版编目（CIP）数据

调饮师职业培训教程 / 费璠，周爱东主编. -- 北京：机械工业出版社，2025. 5. --（国家职业技能等级认定培训教材）（高技能人才培养用书）. -- ISBN 978-7 -111-78307-7

Ⅰ. TS27

中国国家版本馆CIP数据核字第2025EN6235号

机械工业出版社（北京市百万庄大街22号　邮政编码100037）
策划编辑：卢志林　　　　　　　　责任编辑：卢志林
责任校对：高凯月　王小童　景　飞　　责任印制：单爱军
北京华联印刷有限公司印刷
2025年7月第1版第1次印刷
184mm×260mm・8.75印张・182千字
标准书号：ISBN 978-7-111-78307-7
定价：49.80元

电话服务　　　　　　　　　网络服务
客服电话：010-88361066　　机 工 官 网：www.cmpbook.com
　　　　　010-88379833　　机 工 官 博：weibo.com/cmp1952
　　　　　010-68326294　　金 书 网：www.golden-book.com
封底无防伪标均为盗版　机工教育服务网：www.cmpedu.com

序

新中国成立以来，技术工人队伍建设一直得到了党和政府的高度重视。20世纪五六十年代，我们借鉴苏联经验建立了技能人才的"八级工"制，培养了一大批身怀绝技的"大师"与"大工匠"。"八级工"不仅待遇高，而且深受社会尊重，成为那个时代的骄傲，吸引与带动了一批批青年技能人才锲而不舍地钻研技术、攀登高峰。

进入新时期，高技能人才发展上升为兴企强国的国家战略。从2003年全国第一次人才工作会议，明确提出高技能人才是国家人才队伍的重要组成部分，到2010年颁布实施《国家中长期人才发展规划纲要（2010—2020年）》，加快高技能人才队伍建设与发展成为举国的意志与战略之一。

习近平总书记强调，劳动者素质对一个国家、一个民族发展至关重要。技术工人队伍是支撑中国制造、中国创造的重要基础，对推动经济高质量发展具有重要作用。党的十八大以来，党中央、国务院健全技能人才培养、使用、评价、激励制度，大力发展技工教育，大规模开展职业技能培训，加快培养大批高素质劳动者和技术技能人才，使更多社会需要的技能人才、大国工匠不断涌现，推动形成了广大劳动者学习技能、报效国家的浓厚氛围。

2019年国务院办公厅印发了《职业技能提升行动方案（2019—2021年）》，目标任务是2019年至2021年，持续开展职业技能提升行动，提高培训针对性实效性，全面提升劳动者职业技能水平和就业创业能力。三年共开展各类补贴性职业技能培训5000万人次以上，其中2019年培训1500万人次以上；经过努力，到2021年底技能劳动者占就业人员总量的比例达到25%以上，高技能人才占技能劳动者的比例达到30%以上。

目前，我国技术工人（技能劳动者）已超过2亿人，其中高技能人才超过5000万人，在全面建成小康社会、新兴战略产业不断发展的今天，建设高技能人才队伍的任务十分重要。

机械工业出版社一直致力于技能人才培训用书的出版，先后出版了一系列具有行业影响力，深受企业、读者欢迎的教材。欣闻配合新的《国家职业技能标准》又编写了"国家职业技能等级认定培训教材"。这套教材由全国各地技能培训和考评专家编写，具有权威性和代表性；将理论与技能有机结合，并紧紧围绕《国家职业技能标准》的知识要求和技能要求编写，实用性、针对性强，既有必备的理论知识和技能知识，又有考核鉴定的理论和技能题库及答案；而且这套教材根据需要为部分教材配备了二维码，扫描书中的二维码便可观看相应资源；这套教材还配合机工教育、天工讲堂开设了在线课程、在线题库，配套齐全，编排科学，便于培训和检测。

这套教材的出版非常及时，为培养技能型人才做了一件大好事，我相信这套教材一定会为我国培养更多更好的高素质技术技能型人才做出贡献！

中华全国总工会副主席

高凤林

前言

茶为中国国饮，随着社会的进步和人们生活品质的提高，新零售消费升级以及消费者行为的变化对消费场景提出了新的要求，调饮茶逐渐成为饮料行业乃至消费品行业增长较快、投资热度较高的产品。调饮师这一职业逐渐受到广泛关注。为了能给顾客带来独特的品饮体验，调饮师不仅需要具备丰富的饮品知识，还需要掌握精湛的调制技艺。为满足市场对调饮师人才的需求，编者团队编写了这本《调饮师职业培训教程》，旨在为广大调饮师从业者及爱好者提供一个系统、全面的培训教材，以培养具备专业素养的调饮师，满足市场对高素质调饮人才的需求。

本书系统性地从调饮师的基本素质、专业知识和实操技能等方面进行全面阐述，形成一套完整的调饮师培训体系，结合实际工作场景，详细介绍了各类常见饮品的制作方法，让读者能够迅速掌握调饮技巧。本书还配有丰富的模拟题，便于读者巩固所学知识，提高实际操作能力，满足不同读者的学习和实践需求。

本书从理论到实践、从设备到制作，共分六个部分进行阐述：调饮师职业概述、现制饮品基础知识、饮品服务、饮品制作、设备及器具、饮品评测，内容由简入深，适用于调饮行业从业者、调饮爱好者、茶饮培训机构、大中专院校相关专业师生教学或自学。

本书编写过程中得到了许多专家、同行和朋友的关心与支持，特别感谢湖南省茶业集团、长沙凯喜职业技能培训学校的大力支持，在此，谨向大家表示衷心的感谢！同时，感谢所有参与本书编写、审稿的专家和老师，是你们的辛勤付出让本书得以顺利出版。

最后，衷心希望本书能为广大调饮师从业者及爱好者带来帮助，为我国调饮事业的繁荣发展贡献力量。

由于作者水平有限，书中尚有不足之处，恳请专家、同仁及广大读者提出宝贵意见，便于再版时进一步完善。

编　者

目录

项目 3
饮品服务

项目4
饮品制作

**项目 5
设备及器具**

**项目 6
饮品评测**

项目 1

调饮师职业概述

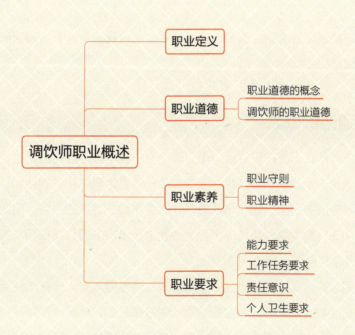

- 调饮师职业概述
  - 职业定义
  - 职业道德
    - 职业道德的概念
    - 调饮师的职业道德
  - 职业素养
    - 职业守则
    - 职业精神
  - 职业要求
    - 能力要求
    - 工作任务要求
    - 责任意识
    - 个人卫生要求

1.1 职业定义

　　调饮行业是服务行业，调饮师的中心任务是饮品调制服务。在饮品店、餐厅等服务场所，以茶、果品、蔬菜、乳制品等食材为原料，通过色彩搭配、造型和营养成分配比等，完成设计、调配、制作口味多元化调制饮品并进行销售的人员称作调饮师。

1.2 职业道德

　　好的调饮师应具备优秀的职业素养，要注重平时的自我培养，包括知识积累、勤于实践等，不断超越自我。

1.2.1 职业道德的概念

　　职业道德是所有从业人员在职业活动中应该遵守的基本行为准则，是社会道德的重要组成部分，是社会道德在职业活动中的具体表现，是一种更为具体化、职业化、个性化的社会道德，涵盖从业者与服务对象、职业与从业者、职业与职业之间的关系。职业道德既是对从业者在职业活动中的行为要求，又是一个行业对社会所承担的道德责任和义务。职业道德具有行业性、广泛性、实用性、时代性的特征。

　　职业道德的概念有广义和狭义之分。广义的职业道德指从业人员在职业活动中应该遵循的行为准则。狭义的职业道德指在一定职业活动中应遵循的、体现一定职业特征的、调整一定职业关系的职业行为准则和规范。不同的职业人员在特定的职业活动中形成了特殊的职业关系，包括职业主体与职业服务对象之间的关系、职业团体之间的关系、同一职业团体内部人与人之间的关系，以及职业劳动者、职业团体与国家之间的关系。

1.2.2　调饮师的职业道德

调饮师的职业道德主要从思想品质、服务态度、经营风格、工作作风、职业修养等五个方面规范调饮师的行为。这五个方面，思想品质是基础，为人民服务是核心，坚定了这个信念，才会有良好的服务态度，经营上才能做到诚实守信，工作上才会有踏实的工作作风。

职业修养包括职业能力、职业审美及与职业相关的知识、技术，基本等同于专业技术修养。有过硬的专业技术，才能把思想的高度落实为工作的精准度和顾客的满意度。在网络时代，知识的更新速度大大超过从前，原本熟练掌握的技术很可能在两三年内变得陈旧落伍。因此，要想更好地为消费者服务，调饮师必须终生学习。

加强对调饮师的职业道德教育，是当前行业面临的重要课题。大部分消费者对茶饮成分、品质与价格并不了解。在这个背景下，从业人员如何做到童叟无欺、诚信待人，就需要职业道德的约束。同事之间在工作中应保持和谐，互相帮助。有了良好的工作氛围，才会有良好的服务质量。

调饮师有了优秀的职业修养，再加上以诚待人的工作作风、和谐互助的同事关系，就能给消费者安全可靠的职业形象。对于调饮师来说，为顾客推荐更有特色的饮品，提供优质的饮品调制服务，是顾客能够感受到的最直接的职业道德。职业修养是可以训练的，作为一名调饮师，在每日的工作中，除了为消费者服务，就是抓紧一切时间训练自己的技能，只有不断训练，才可以增加对饮品的了解，才能够提升饮品调制的水平。调饮师还要学习了解相关的消费心理学、民俗学和历史学的知识，拥有了丰富的知识才能够解答消费者的疑问。

1.3　职业素养

1.3.1　职业守则

每一位从业人员要认真对待自己的岗位，无论在任何时候，都要尊重自己的岗位职责，具体包括以下方面。

1．热爱专业，忠于职守

热爱本职工作是一切职业道德中最基本的道德原则，它要求员工爱业敬业，乐业精业，忠实地履行自己的职业职责，以积极的态度对待自己的职业活动，不断开拓进取，充分发挥自己的聪明才智，在平凡的服务岗位上创造出不平凡的业绩。

热爱本职工作，既表现为对岗位的热爱、对专业的热爱，也表现为与同事的团结合作。无论哪一行，只要是多人共事，就离不开团队合作，必须依靠团队的完美合作才能取得成功。"没有完美的个人，只有完美的团队"，在工作中加强同事之间的沟通，增进了解、互相帮助，才能出色地完成任务。

2. 遵纪守法，文明经营

法律法规是不能突破的底线，一切经营活动都应当在法律法规许可的范围内进行。现制饮品作为食品行业的一部分，食品安全是第一要务，无论是茶饮店、饭店、酒店还是茶餐厅，都不可以售卖过期、变质的食品，必须保证饮品包装、餐具及经营场所的卫生状况达标；不得售卖有毒有害食品，不得超范围经营。调饮师必须遵守单位的规章制度和操作规程，自觉遵守组织纪律，按时上下班，工作期间不擅离岗位。

君子爱财，取之有道。一个企业的发展必须建立在守法经营的基础上，守法才能保持企业持久的生命力，作为个体的调饮师更须守法。在经营过程中，调饮师既代表个人也代表企业，只有严格遵守法律，遵守单位的各项规章制度，才能在职业生涯中不断攀升。

3. 礼貌待客，热情服务

调饮师都是直接面对消费者的，其服务态度的好坏直接影响企业的形象。热情友好是茶饮服务人员基本的待客之道。在面对消费者时，要用心聆听消费者的需求，在职责范围内尽力满足消费者需求。可以给消费者提供专业的消费意见，但是首先要尊重消费者的意见，重视消费者的消费体验。态度热情，但要适度，不能让消费者产生压力。

与消费者交流时，必须使用礼貌用语，用词规范明确，言辞优雅。如果是外地消费者，调饮师必须使用普通话，调饮师相互之间不应该在消费者面前用方言交流。如果有国外消费者，调饮师应该使用简单的外语与其交流。在工作过程中，要尽可能避免与消费者发生冲突，遇事多从消费者的角度考虑问题，不用否定的句式与消费者交流沟通。

文明礼貌还体现在仪容仪表上。调饮师的仪容仪表应区别于其他服务人员。不化浓妆、不用香水、不涂指甲、不做怪异发型、不穿奇装异服。举止大方、稳重、动作快捷稳妥。雅致得体的妆容是对消费者的尊重。

4. 真诚守信，一丝不苟

诚信是中华民族的传统美德，是企业生存的根本，也是服务人员最基本的行为准则。调饮师要做到以下五个方面的要求。

1) 产品不虚假夸大。在茶饮营销中，有少数商家利用信息不对称进行虚假宣传，如古树茶、大师茶、原产地茶等，造成了市场混乱，也使消费者对商家产生不信任。

2）信守承诺。在经营中，商家会对消费者做出各种各样的承诺，尤其是充值预售的消费模式。无论是书面承诺还是口头答应给消费者的各种便利与折扣，都应当全部兑现。反之，如果不能兑现，则不能为了眼前的营业收入而答应消费者一些不合理的要求。

3）真实无欺，合理收费。企业在销售过程中，对待消费者应当一视同仁，不能因为消费者的年龄大小、对饮品了解程度的深浅及经济能力的高低而有差异。在同等消费的情况下，不应让消费者感觉被区别对待。不能因为产品在本地市场的稀缺而标上过高的价格。

4）诚实可靠，拾金不昧。消费者在店堂参观消费时，常有人不慎将物品遗忘在店里。工作人员应想办法联系顾客，或者在交班时对下个班次的同事交代清楚，以便顾客寻回。

5）规范服务，有错必纠。在工作中应严格遵守单位的规章制度和操作规程，但这并不能保证不出一点差错。调饮师在服务时，有可能因知识准备不足而在解说产品的时候误导消费者；有可能因休息不够而将茶水洒在桌上甚至洒在消费者的身上；有可能在销售的时候把账算错；也有可能言辞不妥，冲撞了消费者……遇到类似情况，应主动向消费者道歉，如有经济损失，也应做出相应的补偿。

5. 钻研业务，精益求精

业务能力是职业的基础，没有精湛的业务水平，前面所说的各种皆为空谈。调饮师的业务水平由饮品调制技术和相关的文化知识构成。钻研业务、精益求精，具体体现在调饮师不但要主动、热情、耐心、周到地接待消费者，而且必须熟练掌握不同茶饮的调制方法。茶饮调制技术除了岗前的培训学习外，在工作中用心总结也很重要，应及时精进自己的业务水平，提升自己的专业能力。

相关的文化知识需要调饮师在平时有相当多的阅读积累。茶饮不仅仅是一种服务，更是一种文化，一种生活方式。现代社会创新茶饮越来越流行，很多消费者不再是门外汉，对茶饮的要求越来越高。调饮师只有通过对相关知识的不断积累，不断创新，制作出更优秀的产品，才能满足消费者的需求。

1.3.2 职业精神

1. 尊重顾客

尊重顾客，不论其身份、地位、年龄等因素，都应以礼待之，不歧视、不嫌弃。

2. 诚实守信

言行一致，诚实守信，不欺骗、不虚假宣传，不能利用自己的职业地位从事不正当的商业活动。

3．良好的服务态度

保持良好的服务态度，以顾客的需求为导向，尽力满足顾客的要求和需求。每一位从业人员要认真对待自己的岗位，无论在任何时候，都要遵守自己的岗位职责。

4．忠于职守，爱岗敬业

忠诚于自己的工作，热爱自己的职业，并致力于提高工作质量。

5．精益求精

调配饮料时，需全神贯注，注意制作细节，精益求精是做一名合格调饮师的基本条件。

1.4　职业要求

1.4.1　能力要求

1．语言能力

1）调饮师应具有娴熟介绍产品和运用礼貌用语的表达能力，能够倾听顾客的需求和偏好，并据此提供个性化服务。

2）调饮师应具有多种语言能力，在多元文化的环境下工作时，调饮师需要掌握多种语言，以便更好地服务不同语言背景的顾客。

2．接待能力

1）独立工作能力。

2）组织协调能力。

3）人际交往能力。

4）应急问题处理能力。

3．实操能力

1）熟悉不同物料，掌握多样配方，熟练使用不同基底与小料进行调饮。

2）动作协调，能在规定的时间内调制完成符合要求的饮品。

3）熟悉设备、器具的规范使用和维护。

4）清点制作饮品的原辅料，操作设备制备茶基底、咖啡基底、奶基底等，制备新鲜果蔬汁，调制糖浆等，以及操作设备制备奶泡等乳制品类半成品。

5）根据市场趋势及顾客反馈，推出新产品。

4. 个人素养

1）个人修养。

2）心理素养。

3）专业素质。

1.4.2　工作任务要求

1）采购茶叶、水果、奶制品和调饮所需食材。

2）清洁操作吧台，消毒操作用具，保持工作区域的卫生，保证食品安全。

3）装饰水吧、操作台，陈设原料，确保原料库存足够、新鲜。

4）依据食材营养成分设计调饮配方，确保饮品质量与口味符合标准。

5）调制混合茶、奶制品或时令饮品。

6）提供友好、专业的个性化服务，展示、推介特色饮品。

7）团队配合，各司其职，提高调配效率。

8）提供服务，照顾顾客，为顾客提供热情的服务。满足顾客合理且可能的要求，如顾客携带宠物应带顾客到较为偏僻的位置并委婉提醒顾客看好宠物，可协助顾客照看宠物，但不得替代顾客看管宠物。

1.4.3　责任意识

作为一名调饮师需要培养出自觉的责任意识，其中最首要的就是要具有强烈的工作责任感。

1.4.4　个人卫生要求

调饮师的个人卫生要求：男生头发前不遮眉、侧不盖耳、后不触衫，没有大鬓角，没有头屑；面部清洁，不得有眼屎，不留胡须；肩膀处没有头屑。女生长发要盘起，前不遮眉，没有头屑；面部清洁；不能做美甲或染甲。男生和女生在服务时均不能戴耳环、饰品、手表等物品。服装整洁正规，不得太过时髦、花哨。

复习思考题

1. 什么是职业道德？调饮师的职业道德有什么专业特点？

2. 如何从调饮师的职业角度出发来理解诚信问题？

3. 一位优秀的调饮师应该具备哪些职业能力？

项目 2

现制饮品基础知识

▼▼▼

现制饮品基础知识
- 现制饮品的类型与原辅料管理
  - 现制饮品主要类型
  - 现制饮品原辅料管理
- 现制饮品的制备知识
  - 原料选择
  - 饮品基底的制备知识
  - 饮品调制基本公式与操作方法
- 现制饮品装饰的基础知识
  - 现制饮品装饰基础
  - 现制饮品装饰原则与方法
  - 现制饮品装饰用料与准备
- 现制饮品包装器具的基础知识
  - 现制饮品包装器具材质及特性
  - 现制饮品包装器具类型和使用
  - 现制饮品包装标识基础要求
- 现制饮品常用设备
  - 现制饮品常用设备及使用方法
  - 成品、半成品储存器具相关知识

2.1　现制饮品的类型与原辅料管理

现制饮品指在经营场所现场制作并直接销售给消费者的饮品。

2.1.1　现制饮品主要类型

1. 茶类饮品

茶类饮品指以茶叶的萃取液、茶粉、浓缩液为主要原料加工而成的软饮料。含有一定分量的天然茶多酚（具有辅助降血脂、降血糖、降血压的药理作用）、茶氨酸（茶叶中特有的成分，是茶叶风味的主要来源）、咖啡因等茶叶有效成分。

茶类饮品的茶成分占比80%以上，包括传统的中式纯茶和调味茶，绿茶、红茶、乌龙茶等原叶茶，以及如今的茶浓缩液或纯茶粉溶解液属于纯茶，用水直接冲泡而成；调味茶一般指在原叶茶的基础上，进行茶叶拼配或窨制，形成独特风味，用冰水或热水冲泡制作而成，如柠檬红茶、蜜桃乌龙茶，高级的调饮红茶汤色为粉红色。光线会促进茶叶中叶绿素和脂质等物质的氧化，增加茶叶中的戊醛、丙醛等异味物质，加速茶叶的陈化，所以要将茶放在阴凉处保存。

2. 奶类饮品

奶类饮品是以纯奶、豆浆奶、燕麦奶、椰奶、淡奶油等乳类产品为主要添加辅料的饮品，其中，豆乳是传统的植物蛋白饮料，如豆本豆、维他奶等。

3. 果蔬类饮品

果蔬类饮品是以水果和（或）蔬菜（包括可食的根、茎、叶、花、果实）等为原料，经加工或发酵制成的饮料。可以用新鲜水果、蔬菜直接榨汁，比如，鲜榨橙汁、西瓜汁、玉米汁等，能最大程度保留果蔬的营养和原始风味；也可用适量浓缩果汁调配，会添加适量的水和糖来调整口感，果汁饮料要求果汁（浆）含量不低于10%。

4. 咖啡、可可类饮品

咖啡类饮品是以咖啡为核心成分制作的饮料，通常以咖啡豆为基础，经过不同的制作方法、添加成分或创意调配而成，常见的有浓缩咖啡、拿铁、卡布奇诺、摩卡等。

浓缩咖啡又指意式咖啡，是用高压萃取的咖啡精华，是咖啡最纯粹的形态；拿铁是在浓缩咖啡中加入适量牛奶；卡布奇诺也是以浓缩咖啡为基础，作为意式萃取咖啡的代表，卡布奇诺前段整体风味较为强烈醇厚，呈柠檬酸味并带点咸味，中段较为平衡是甜味，后段带有淡淡苦味；摩卡咖啡的主要成分是浓缩咖啡、牛奶和巧克力酱，它既有浓缩咖啡的浓郁，又有牛奶的柔和，还有巧克力的甜美。

可可类饮品是以可可豆为主要原料，经过加工制作而成的一类饮品。常见的有热可可、巧克力牛奶、可可拿铁等。

5. 纯植物类饮品

纯植物类饮品也称植物饮料，是以除水果、蔬菜、茶、咖啡外，以植物或植物抽提物为原料，添加或不添加其他食物的原辅料或食品添加剂，经加工发酵成的液体饮料，例如，核桃汁、椰汁。

6. 碳酸饮料

碳酸饮料又称汽水或苏打水，是一种含有二氧化碳气体的软饮料（软饮料指不含酒精的饮料），该饮料会在包装时注入二氧化碳，使得饮料在开封时能够产生气泡，给人以清爽的口感。

7. 酒精饮品

酒精饮品又称酒精饮料或酒类，指含有一定量乙醇（酒精）的饮料，酒精饮品的种类繁多，可以按照不同的标准（生产工艺、原料、酒精含量等）进行分类，例如，酱香拿铁、鸡尾酒、葡萄酒。

8. 固体饮料

固体饮料指以糖、乳和乳制品、蛋或蛋制品、果汁或食用植物提取物等为主要原料，添加适量的辅料或食品添加剂制成的每100克成品水分不高于5克的固体制品，呈粉末状、颗粒状或块状。固体饮料造粒的主要目的是提高速溶性、增加流动性、减少分散性和吸湿性等。

2.1.2　现制饮品原辅料管理

现制饮品原辅料管理是确保饮品品质、新鲜度和安全的关键环节。有效的原辅料管理不仅能够保证产品的标准化，还能提升顾客的满意度，降低运营成本，从而在竞争激烈的市场中脱颖而出。

当日营业结束后，消耗品和原料应按照一定的规则摆放，如分类摆放、按先进先出的原则摆放和按后进先出的原则摆放。《食品安全国家标准　食品生产通用卫生规范》（GB 14881—2013）中对仓储设施提出了明确要求：清洁剂、消毒剂、杀虫剂、润滑剂、燃料等物质应分别安全包装，明确标识，并应与原料、半成品、成品、包装材料等分隔放置；应具有与所生产产品的数量、贮存要求相适应的仓储设施；原料等贮存物品不应贴墙放置，要按照规定放置、原料、半成品、成品、包装材料等应依据性质的不同分设贮存场所，或分区域码放，并有明确标识，防止交叉污染。

1. 原辅料验收标准

原辅料验收是确保饮品品质的第一道关卡，食品生产企业需备有食品生产许可证（正本和副本具有同等法律效力）。验收标准应包括以下几方面。

1）核对货品与订单是否一致。

2）检查外包装是否完好，无破损、霉变或污染，保留一定的食品样本（不少于125克，保留48小时以上）。

3）确认生产日期和保质期，确保食材新鲜。检验产品质量证书或检测报告，确保符合国家食品安全标准。对茶叶、水果等散装原料进行感官检查，通过感觉器官对原料品质做出评价，确保无异味、变色等。

食品的安全工作原则是预防为主、风险管理、全程控制、社会共治，通过落实这四项原则来建立科学、严格的监督管理制度。

2. 原辅料品质标准

原辅料品质标准包含以下几点。

1）新鲜度：水果、奶制品等易腐食材需保持新鲜，根据《食品安全国家标准　食品添加剂使用标准》（GB 2760—2024）规定，作为防腐剂使用的苯甲酸、苯甲酸钠、山梨酸、山梨酸钾等需要严格按照《食品安全国家标准　食品添加剂使用标准》（GB 2760—2024）控制使用量。

2）纯度：茶叶、果汁等需保证纯度和口感，无杂质。

3）安全性：所有食材必须符合国家食品安全法规，无农药残留、无添加禁用物质和化学物质。为保证牛奶的安全需用杀菌乳，但杀菌乳不能常温储存，需低温冷藏储存，保质期为2~15天。

4）营养价值：人体必需的营养素有：碳水化合物、脂肪、蛋白质、维生素、矿物质和水。滋补养生类饮品原料需保证营养价值，无造假或掺杂。

3. 库存量的控制

合理的库存控制可以避免食材浪费，保证食材新鲜度。所有的物品都需要标准化出仓（出品），以便于管理，控制知识包括以下几方面。

1）根据销售数据预测原辅料的需求量。

2）定期检查库存，避免食材过期或损坏，确保库存数据的准确性。

3）对易腐食材实施先进先出原则（即先入库的商品，最先销售或使用），确保食材的新鲜度。

4）根据不同原辅料的特性，采取适当的储存方法，如冷藏、干燥、避光等。

5）设置最低库存量和最大库存量，避免断货或过度积压。

6）监控食材的保质期，及时处理即将过期的原料。

7）建立追溯系统，一旦出现质量问题，能够快速找到原因。

2.2　现制饮品的制备知识

2.2.1　原料选择

1. 茶原料

茶有散茶、茶包、速溶茶等不同形态，茶叶的品质、产地等会影响饮品的口感，优质的茶叶香气浓郁，汤色明亮。判断茶的客观标准是茶叶外形的匀整、色泽、香气、净度。茶中含有600多种化学成分，不同季节的茶叶中维生素的含量不同，含量最高的是春茶，不同的水冲出的茶也不同，地下水较清澈，含有较多矿物质和盐分；江湖水微生物较多；山泉水较为洁净。

红茶分为小种红茶、工夫红茶、红碎茶，汤色朱红透亮，甜香熟香显著，滋味醇厚，适合制作调饮奶茶；绿茶未经发酵，最大程度保留天然成分，茶汤清香鲜爽，适合用作冷泡水果茶基底；乌龙茶花果香馥郁，闽北岩茶是其代表，适合用作水果茶的基底；黑茶为后发酵茶，常见的有云南普洱（陈香）、安化黑茶（菌花香），茶汤醇厚顺滑，陈香与乳制品的脂香融合后，能中和乳腥味并提升层次感，常用来制作芝士奶盖茶、厚乳奶茶等；白茶汤色杏黄，毫香清雅，冷泡后苦涩度低，与水果兼容性强，常用来制作冷泡水果茶、气泡茶等。

《神农本草经》记载"茶味苦，饮之使人益思、少卧、轻身、明目"。现代研究证实茶叶中的多酚类物质（儿茶素、花青素、黄酮类化合物、酚酸等）具有清除自由基、抑制病原菌等生物活性。茶叶具有一定的辅助食疗功效，可根据需要选择。科学饮茶要根据季节、气候及个人体质来选择相应的茶叶，春饮花茶、夏饮绿茶、秋饮青茶（乌龙茶）、冬饮红茶。

2. 乳品原料

鲜奶创意饮品是水吧重要的系列产品，常见的奶类饮品有奶茶、可可乳饮、咖啡乳饮、水果乳饮。

牛奶可以选择全脂、低脂或脱脂的，根据饮品的需求和消费者的口味偏好来决定。全脂牛奶口感醇厚，奶香浓郁；低脂和脱脂牛奶则相对更健康。

奶盖通常由奶油、牛奶、芝士等原料制作，需要注意原料的比例和打发程度，以确保奶盖的口感细腻、绵密。乳酪是以生鲜牛（羊）乳或复原乳为主要原料，添加或不添加辅料，经杀菌、浓缩制成的黏稠状产品。

牛奶的最佳打发温度为20℃，打发前要清空蒸汽喷嘴，排出冷凝水。打发后的动物脂奶油的稳定性可保持4小时左右，所以奶油打发后，应尽早使用。在打发无糖型奶油时，可以直接加入糖粉，比其他的糖类用品更加适合。合理更改热处理条件和产品配方能有效解决配制型含乳饮料产品口感过于稀薄的问题。

3. 水果及果汁原料

应选择新鲜、成熟度适中的水果。过熟的水果容易变质，影响口感；未成熟的水果口感酸涩，这是因为未成熟水果中的单宁含量较高，会影响水果的酸味与涩味，随着成熟，单宁含量会降低，涩味也随之减少，且单宁会与蛋白质产生聚合反应。

不同水果的搭配可以创造出丰富的口味，如草莓（营养价值丰富，被誉为"水果皇后"）和蓝莓的组合，芒果和百香果的搭配等。

浓缩果汁的品牌和质量会影响成品质量，应选择正规厂家生产的产品。另外，制作水果饮品还会用到糖、牛奶、奶精等添加剂来调整口味。

4. 咖啡原料

咖啡豆的品种（如阿拉比卡、罗巴斯塔）、烘焙程度（浅度、中度、深度）差异很大，磨好的咖啡粉颗粒粗细也需要根据冲泡方式而定。

5. 滋补养生原料

要挑选优质、新鲜、无变质的食材，如红枣要饱满、无虫蛀；枸杞子要色泽自然、质地柔软。如果使用人参等药材，要确保来源正规。

6. 冰块

冰块的质量会影响饮品的口感。纯净的冰块不易融化，能保持饮品的温度和口感。可以根据饮品的类型选择不同形状和大小的冰块，如碎冰适合制作冰沙，大冰块适合制作冷饮。

7. 添加剂

1）调饮品的部分颜色是用可食用合成色素调配而成，常用的有胭脂红及其铝色淀、靛蓝及其铝色淀、赤藓红及其铝色淀等。

2）常见的糖浆有蔗糖糖浆、果糖糖浆、蜂蜜等。糖浆的甜度和风味各不相同，可以根据饮品的甜度要求和特色进行选择。一些特色糖浆如玫瑰糖浆、桂花糖浆等，可以为饮品增添独特的风味。

3）有时调饮茶中会加入乳化剂，这是为了防止分层；有时会添加刺激嗅觉的材料（具有挥发性及可溶性），这些都必须严格按照使用标准添加。

4）决定饮品风味的关键因素是酸甜比，酸味可以用酒石酸、富马酸、柠檬酸钠等酸度调节剂进行调节。

2.2.2 饮品基底的制备知识

1. 茶基底

（1）红茶基底 材料：红茶茶叶、热水。

制备方法：将适量红茶茶叶放入茶壶或茶包中，用热水冲泡。根据茶叶的种类和个人口味，控制冲泡时间和水温。一般来说，红茶可用90~95℃的热水冲泡3~5分钟。冲泡好后，可根据需要过滤掉茶叶渣。

用途：可用于制作奶茶、水果茶等。

（2）绿茶基底 材料：绿茶茶叶、热水。

制备方法：用80~90℃的热水冲泡绿茶茶叶，时间控制在2~3分钟。绿茶比较娇嫩，水温过高或冲泡时间过长会加重苦涩味。

用途：适合制作清爽的水果茶、蜂蜜绿茶等。

（3）乌龙茶基底 材料：乌龙茶茶叶、热水。

制备方法：以90℃左右的热水冲泡乌龙茶，时间在3~4分钟。

用途：乌龙茶基底的使用场景非常多，可用于制作各种特色茶饮，如花香乌龙奶茶等。

2. 咖啡基底

（1）浓缩咖啡基底 材料：咖啡豆。

制备方法：将咖啡豆研磨成适合的粗细度，放入咖啡机中制作浓缩咖啡。不同的咖啡机操作方法略有不同，一般都需要控制好咖啡豆的用量、研磨度和萃取时间，以获得浓郁的浓缩咖啡。

用途：可用于制作拿铁、卡布奇诺等咖啡饮品。

（2）美式咖啡基底 材料：浓缩咖啡、热水。

制备方法：在浓缩咖啡中加入适量热水稀释，即可得到美式咖啡。

用途：美式咖啡是一种基础的咖啡，可以通过添加不同配料制作多种咖啡饮品，如冰美式、橙C美式、冰柠美式等。

（3）曼特宁咖啡基底 材料：曼特宁咖啡豆、热水。

制备方法：将曼特宁咖啡豆研磨成中等细度的咖啡粉，使用手冲法、法压壶法、虹吸壶法等方式萃取出曼特宁咖啡液。

用途：可直接饮用，或制作曼特宁拿铁、焦糖玛奇朵等咖啡饮品。

3. 果汁基底

（1）**鲜榨果汁基底**　材料：新鲜水果。

制备方法：选择成熟度适中的水果，洗净去皮去核后，放入榨汁机中榨取果汁。可根据需要将不同的水果混合榨汁，以获得丰富的口感和营养。

用途：可直接饮用，也可作为水果茶、鸡尾酒等饮品的基底。

（2）**浓缩果汁基底**　材料：浓缩果汁、水。

制备方法：按照一定比例将浓缩果汁与水混合稀释。不同的浓缩果汁稀释比例不同，可根据产品说明进行调配。

用途：用于制作各种果汁饮品，方便快捷。

4. 奶类基底

（1）**牛奶基底**　材料：牛奶。

制备方法：可选择全脂牛奶、低脂牛奶或脱脂牛奶，根据个人口味和需求进行选择。牛奶可直接使用，也可加热后使用，以增加饮品的温度和口感。

用途：牛奶是制作奶茶、咖啡饮品等的常用基底。

（2）**植物奶基底**　材料：杏仁奶、燕麦奶、豆奶等。

制备方法：购买现成的植物奶产品即可。有些植物奶可以直接饮用，也可根据需要加热或与其他食材混合使用。

用途：适合对牛奶过敏或素食人群，可用于制作各种特色饮品。

5. 制备饮品基底的注意事项

1）选择优质的原材料，确保口感和品质。

2）控制好材料的用量和比例，以达到理想的味道。

3）注意卫生，保持制作工具和容器的清洁。

4）根据不同的饮品需求，调整基底的浓度和温度。

2.2.3　饮品调制基本公式与操作方法

1. 基本公式

（1）**奶茶类饮品**　奶茶公式：茶基底＋糖浆（或炼乳）＋牛奶（奶制品）。

1）先将茶叶用热水冲泡或用萃茶机萃取，得到浓郁的茶基底，如红茶或乌龙茶。

2）根据口味加入适量的糖浆或炼乳调味。

3）加入适量的牛奶或奶制品，可以选择全脂牛奶、低脂牛奶或植物奶，搅拌均匀。

4）根据需要添加珍珠[⊖]、布丁、仙草等配料。

（2）水果类饮品　水果茶公式：茶基底＋新鲜水果＋糖浆（或蜂蜜）＋冰块。

1）选择适合的茶基底，如红茶、绿茶或乌龙茶，泡好后放凉或根据需要进行冷却处理。

2）将新鲜水果洗净、去皮、去核、切块，可选择草莓、柠檬、橙子、西瓜等多种水果搭配使用。

3）将水果放入杯中，用捣棒轻轻挤压，释放出水果的汁液和香气。

4）加入适量的糖浆或蜂蜜来调整甜度，根据个人口味和水果的酸度进行调整。

5）冲入茶汁，搅拌均匀，根据需要添加冰块或薄荷叶等装饰，让水果茶更加清凉爽口。

（3）果汁类饮品

1）纯果汁：新鲜水果榨汁。选择成熟度适中的水果，洗净后直接榨汁，根据需要进行过滤，去除果渣。

2）混合果汁公式：多种水果榨汁＋适量糖浆。挑选不同的水果，如苹果、橙子、香蕉等，搭配榨汁。如果水果本身甜度不够，可以加入适量糖浆调整口味。还可以根据个人喜好加入一些特殊的配料，如肉桂粉、薄荷叶、香草精等，以增加饮品的风味。同时，注意饮品的色彩搭配和装饰，让饮品不仅好喝，还好看。

（4）咖啡类饮品

1）拿铁公式：浓缩咖啡＋牛奶。制作一杯浓缩咖啡；牛奶加热至适宜温度，用奶泡器打出细腻的奶泡，将牛奶和奶泡倒入浓缩咖啡中，可根据喜好进行拉花装饰。

2）美式咖啡公式：浓缩咖啡＋水。制作出浓缩咖啡，加入适量的热水（冰水）稀释，比例可根据个人口味调整。

3）卡布奇诺公式：咖啡＋牛奶＋奶泡。在拿铁的基础上加入更多的奶泡，奶泡和牛奶的比例通常为1：1。传统意义上，一杯合格的卡布奇诺咖啡，通常使用150~180毫升带手柄的咖啡杯。

（5）冰沙类　公式：水果＋冰块＋糖浆。

1）将水果、冰块、糖浆等原料放入搅拌机中。

2）启动搅拌机，高速搅拌至原料混合均匀，形成细腻的冰沙。

3）将冰沙倒入杯中，可以根据需要添加水果块、奶油等装饰。

（6）奶昔类　公式：水果＋牛奶（或酸奶）＋冰块＋糖浆。

1）将水果、牛奶或酸奶、冰块、糖浆等原料放入搅拌机中。

⊖　本书中用的珍珠皆指用木薯淀粉制作的粉圆，口感富有弹性、有嚼劲，多用于奶茶制作。

2）启动搅拌机，搅拌至原料混合均匀，形成浓稠的奶昔状。

3）将奶昔倒入杯中，可以根据需要添加巧克力酱、坚果等装饰。

2. 基本操作方法

1）注入法，根据配方步骤决定先放冰块再放材料，或者先放材料再放冰块；使用预先冰镇好的材料；用调酒匙轻轻搅拌。

2）搅拌法，用搅拌器或沙冰机打匀。

3）摇和法，主要是雪克壶摇法：一段摇法、二段摇法、三段摇法、抛物线摇法、单手摇法。根据配方将材料放入雪克壶中（雪克壶由三个部分组成：上盖、隔冰器、壶身）；右手拇指压着上盖，左手拇指按着壶肩，中指扣着壶底；根据摇动手法雪克出品。

2.3　现制饮品装饰的基础知识

2.3.1　现制饮品装饰基础

1. 目的

提升饮品的外观吸引力，刺激消费者的购买欲望，色彩鲜艳的装饰会让饮品看起来更诱人。可以对饮品的口味做出暗示，比如，用薄荷装饰暗示饮品有清凉的口感。

2. 材料选择

1）水果类：草莓、蓝莓、柠檬片、橙子片等很常用。它们颜色丰富，如草莓的红色很亮眼，而且自然的果香能为饮品加分。

2）香草类：薄荷、迷迭香等。薄荷能带来清新的气息，并且其绿色可以增添视觉上的清爽感。

3）可食用花卉类：三色堇、旱金莲等，这些花卉可以让饮品看起来更精致。

4）其他材料：巧克力棒、彩色糖粒、棉花糖等，能增加饮品的趣味性和甜蜜感。

3. 基本技巧

1）摆放位置：装饰材料可以放在饮品表面中央位置，起到聚焦作用；也可以沿杯口边缘摆放，打造出精致的感觉。

2）搭配原则：装饰要与饮品的主题匹配。比如，热带水果主题的饮品可以用菠萝叶、芒果块等装饰；咖啡饮品用肉桂粉、焦糖块来装饰更合适。同时，色彩搭配要协调，避免颜色过于繁杂。

2.3.2　现制饮品装饰原则与方法

1. 装饰原则

1）卫生安全：用于装饰的材料必须是可食用的，并且经过严格清洗和消毒，避免污染饮品，例如，新鲜水果要洗净后才能用于装饰。

2）简单美观：装饰要简洁大方，能够突出饮品的特点。过于复杂的装饰可能会掩盖饮品本身的风味，例如，在咖啡的奶泡上简单地撒一点可可粉，可增添美感。

3）协调搭配：装饰材料要和饮品的口味、主题相匹配，例如，在热带水果风味的果汁上放置一片菠萝或芒果作为装饰。

2. 装饰方法

1）水果装饰：这是最常见的方法。可以将草莓、蓝莓等整颗放在饮品上；也可以将柠檬、橙子等切成片或块，挂在杯口或放在饮品表面。

2）酱料装饰：使用巧克力酱、焦糖酱等在饮品表面挤出花纹，如在拿铁的奶泡上用巧克力酱画个爱心。

3）粉末装饰：如在抹茶饮品上撒抹茶粉，或者在热巧克力上撒肉桂粉来增加风味和美观度。

4）香草装饰：如用薄荷、迷迭香等香草植物插在杯口，在视觉和嗅觉上提升饮品档次。

2.3.3　现制饮品装饰用料与准备

1. 常用原料

（1）水果类　常用水果有柠檬、橙子、草莓、蓝莓、树莓、樱桃、菠萝、芒果、猕猴桃等。柠檬和橙子可以提供清新的酸味；草莓、蓝莓等颜色鲜艳，能提升饮品的视觉吸引力。

处理方式：有些可以直接使用整果，如樱桃；有些需要切片，如柠檬、橙子；有些需要切块，如菠萝、芒果。

（2）酱料类　常用酱料有巧克力酱、焦糖酱、草莓酱、蓝莓酱等。巧克力酱浓郁醇厚；焦糖酱甜蜜带有焦香；不同的果酱可以和相应的水果饮品搭配。

质地要求：酱料的质地要适中，太稠不易挤出形状，太稀则无法保持装饰图案，优质的酱料应能顺利挤出细腻的线条。

（3）粉末类　常用粉末有可可粉、抹茶粉、肉桂粉、椰蓉等。可可粉用于巧克力风味饮品；抹茶粉适合和抹茶饮品搭配；肉桂粉能增添独特的香味；椰蓉可营造热带风情。

注意事项：粉末要细腻均匀，否则会影响装饰效果和口感。

（4）香草类　常用香草有薄荷、迷迭香、罗勒等。薄荷能带来清凉的感觉；迷迭香有独特的芬芳，适合搭配一些茶类或咖啡饮品；罗勒香气馥郁、口感层次分明。

新鲜程度：要使用新鲜、有活力的香草，枯萎的香草不仅影响美观，其香味也大打折扣。

2. 准备工作

（1）工具准备

1）刀具：锋利的水果刀用于切割水果，保证切口平整。比如，切柠檬片时，平整的切片会更美观。

2）挤酱瓶：将酱料装入干净的挤酱瓶，便于控制酱料的挤出量和形状。

3）筛网：用于筛粉末，确保粉末细腻均匀。

4）镊子或竹扦：用于夹取或穿起装饰材料，比如，用竹扦穿起樱桃放在饮品上。

（2）材料预处理

1）水果清洗：用清水洗净水果，对于有农药残留风险的水果可以用专门的果蔬清洗剂浸泡后再冲洗。

2）香草清洗：轻轻冲洗香草，去除灰尘等杂质，然后用厨房纸巾吸干水分，保持香草的新鲜。

3）酱料检查：确保酱料没有变质、分层，如果酱料变稠可以适当加热以恢复流动性。

2.4　现制饮品包装器具的基础知识

2.4.1　现制饮品包装器具材质及特性

1. 纸杯

材质：主要由纸浆和内涂层组成。纸浆提供基础的形状和一定的强度，内涂层通常是聚乙烯塑料或蜡质。

特性：有一定的隔热效果，能防止饮品烫伤手。聚乙烯涂层或蜡质涂层可以有效防止液体渗漏，让纸杯能够盛装各种饮品。不过，蜡质涂层的纸杯不能用于盛装温度过高的饮品，否则蜡可能会熔化。纸杯相对比较环保，在自然环境中比塑料更易分解。

2. PP 塑料杯

材质：聚丙烯。

特性：这种杯子的耐热性较好，可以承受较高温度的饮品，一般可盛装100 ~ 120℃的热饮，热稳定性强。它还具有较好的韧性，不易破裂，比较耐摔。其化学性质相对稳定，不容易与饮品发生化学反应，能保证饮品的品质。

3. PET 塑料杯

材质：主要成分是聚对苯二甲酸乙二醇酯。

特性：它的透明度很高，能够清晰地展示饮品的外观，这是它的一大优势。但是它的耐热性较差，一般只能用于盛装冷饮。PET塑料杯质地比较硬挺，有较好的抗压性，能保持杯子的形状，方便堆叠和运输。

4. 玻璃杯

材质：主要是二氧化硅等无机矿物质，通常还会添加一些添加剂来改善玻璃的性能。

特性：质感通透，能很好地呈现饮品的色泽和质地，使饮品看起来更诱人。化学性质稳定，不会与饮品发生化学反应，不会释放有害物质，能最大限度地保证饮品的原味。不过它比较重，容易破碎，使用和运输过程中需要小心。

5. 塑料吸管

材质：常见的是PP（聚丙烯）。

特性：质地柔软，有一定的弹性，方便弯曲，使用起来比较舒适。价格便宜，容易加工成各种长度和粗细，能够满足不同饮品的需求。但是塑料吸管不易降解，对环境有一定的污染。

6. 纸质吸管

材质：主要是纸浆。

特性：最大的优点是环保，可降解，符合环保理念。缺点是强度相对较低，在接触液体时间较长后容易变软，影响使用体验，而且它不能承受高温，不适用于热饮。

7. 玻璃吸管

材质：主要是二氧化硅。

特性：美观精致，可重复使用，比较环保。但容易破碎，使用时要格外小心，而且价格相对较高。

8. 塑料包装袋

材质：常见的有PE（聚乙烯）、CPP（氯化聚丙烯）等。

特性：有良好的防潮、防水性能，能够有效保护里面的饮品配料等不受潮。柔韧性好，能适应不同形状的物品包装，而且密封性好，能够长时间保持内部物品的干燥和新鲜。

9. 纸质包装袋

材质：一般是牛皮纸等纸浆制品。

特性：有一定的强度，同时具有良好的透气性。对环境的污染相对较小，并且可以在表面印刷精美的图案和文字，起到很好的宣传作用。不过它的防潮性能不如塑料包装袋。

2.4.2 现制饮品包装器具类型和使用

1. 杯子

1）直筒杯：形状简单，上下口径基本一致。通用性强，适合盛装各种类型的饮品，如咖啡、茶、果汁等。

2）锥形杯：杯口比杯底宽，外观精致。常用来装鸡尾酒、沙冰等特色饮品，其形状有助于展示饮品的层次。

3）高脚杯：带有高脚，主要用于装一些需要保持低温的饮品，如香槟、起泡酒等现制饮品，拿取时可以避免手的温度影响饮品温度。

使用热饮包装时，要注意杯子的材质是否耐热。例如，PET塑料杯不能用于装热饮，PP塑料杯和纸杯（有合适涂层）可以。

根据饮品的容量选择大小合适的杯子，避免饮品过满而溢出。

2. 盖子

1）平盖：密封性一般，通常有一个小孔用于插入吸管，适用于在店内饮用的饮品，如一些简单的冷饮。

2）密封盖：带有密封胶圈，防漏性强，适合外带饮品，如奶茶、咖啡等。有的密封盖还带有可翻盖，方便饮用。

3）特殊功能盖：如带有透气孔的盖子，用于一些会产生气泡的饮品，防止盖子被顶开。

使用时确保盖子与杯子紧密贴合，检查是否密封良好，特别是盛装容易洒出的饮品。对于有饮用口的盖子，要注意开口方向是否符合顾客的使用习惯。

3. 吸管

1）普通吸管：直径适中，用于一般的饮品，如普通的果汁、茶饮料等。

2）粗吸管：较粗的直径，主要用于含有固体颗粒的饮品，如珍珠奶茶、含有果肉的果汁等。

3）可弯曲吸管：方便调整角度，适合儿童或特殊场合使用，比如，在汽车里饮用饮品。

要根据饮品的性质选择合适的吸管，例如，不能用细吸管喝珍珠奶茶，否则珍珠无法顺利吸出，插入吸管时要注意卫生，避免污染饮品。

4. 包装袋和提袋

1）独立小包装袋：用于包装糖包、奶精包等饮品配料，材质有塑料和纸两种。塑料小包装袋防潮性好，纸包装袋比较环保。

2）饮品提袋：有纸质、塑料和布袋。纸质提袋成本较低，印有图案可用于宣传；塑料提袋结实耐用；布质提袋可重复使用，更环保。

提袋要根据饮品的数量和重量选择合适的大小和材质，确保能安全携带饮品。

2.4.3 现制饮品包装标识基础要求

1．饮品名称

必须清晰、准确标明饮品的真实名称，应使用国家标准、行业标准规定的名称，或者能反映饮品真实属性的通俗名称，例如，草莓牛奶不能只写"牛奶"，要完整地体现主要原料。

对于有特殊制作工艺、口味等特点的饮品，可以在名称中适当体现，如"冷萃咖啡""炭烤奶茶"。

2．配料表

按加入量的递减顺序一一列出饮品的原料。加入量不超过2%的配料，如添加剂等，可以不按递减顺序排列。

配料名称应使用规范的名称，对于可能引起过敏反应的食材，如花生、牛奶、鸡蛋等，要明确标注，让消费者能够清楚了解饮品的成分。

3．净含量和规格

净含量指去除包装容器和其他包装材料后内装饮品的实际质量或体积。应清晰准确地标注，通常使用法定计量单位，如克（g）、毫升（mL）等。

如果有多种规格的包装，要分别注明每种规格对应的净含量，方便消费者选择。

4．生产者和经销者的名称、地址和联系方式

要明确标注饮品的生产者名称和地址，有经销商参与的，也可以同时标注经销商的名称和地址。

要提供有效的联系方式，如电话、电子邮箱等，方便消费者咨询、反馈问题或投诉。

5．生产日期和保质期

生产日期应按年、月、日的顺序清晰标注，让消费者明确饮品的生产时间。保质期同样要准确标注，包括具体的时长和储存条件，例如，"保质期：6个月，储存条件：阴凉干燥处"。

6．储存条件

详细说明饮品适宜的储存温度、湿度、光照等条件。如"储存条件：0~4℃冷藏保存""避免阳光直射，常温保存"。

7. 食品生产许可证编号

合法生产的饮品包装上必须标注食品生产许可证编号，这是饮品符合生产许可要求的重要标识，消费者可以通过该编号查询饮品的生产资质等相关信息。

8. 产品标准代号

饮品包装上的产品标准代号如国家标准代号"GB"开头的编号或行业标准代号等，代表饮品是按照一定的质量和生产标准制造的，有助于保证饮品的质量和规范性。

2.5 现制饮品常用设备

现制饮品常用设备包括如下几类。

（1）**调制设备** 如雪克壶，用于混合鸡尾酒类饮品的原料；搅拌棒用来搅拌咖啡、奶茶中的糖和奶等，使其均匀混合。

（2）**冲泡设备** 茶壶用于泡茶；咖啡机用于萃取咖啡，需选用能精准控制水温、压力和时间的款式。

（3）**制冷/热设备** 制冰机能快速制作冰块用于冰饮；加热设备可以把牛奶、茶等加热到合适的温度。

（4）**清洁设备** 食品生产企业库房内的清洁剂、消毒剂应与原料、成品等分隔放置。

2.5.1 现制饮品常用设备及使用方法

1. 吧台操作区

吧台操作区主要包括清洗区、调茶区、储冰区、垃圾收纳区。

吧台操作区可根据实际情况定制，主要用不锈钢材质。

2. 冷藏/冷冻操作区

用于储存各种需要冷藏/冷冻的食品，使食物或其他物品保持冷态。冷柜主要由压缩机、冷凝器、节流部件、蒸发器组成。冷柜一般选择直冷型，重点是冷藏的空间要大于冷冻的空间，原材料基本需要冷藏，需要冷冻的主要是各种冷冻果汁和其他冷冻物料。

可根据需求选择合适的尺寸，冷藏冰柜上面一般会开孔，用于冷藏鲜果酱和小料。要根据店铺大小定制合适尺寸的冰柜，同时也可以当作操作台面。

吧台操作区

冷藏 / 冷冻操作区

3. 蛋糕柜

用于展示蛋糕、牛奶、鲜果等的冷藏保鲜柜。有直冷和风冷两种，通常由不锈钢和大理石制成。

4. 制冰机

制冰机有不同的规格，根据饮品的用冰量选择合适规格的制冰机。制冰机所制冰块的形状分为方冰、月牙冰。建议选购可制作月牙冰的制冰机，月牙冰不易融化。

使用方法：操作时根据用量调节所需冰块厚度即可。如需清洗，长按清洗键，则可自动清洗，也可用清洁刷手动清洁机器内壁。

蛋糕柜

5. 开水机

茶饮店铺必备，用于烧开水，一般需要准备容量10~12升的。

使用方法：当水烧至所需温度后，按动拉杆即可取水。

6. 全自动封罐机

主要用于封易拉罐。

使用方法：设置好设备的各项参数后，将需要封闭的罐体放入机器的指定位置即可。

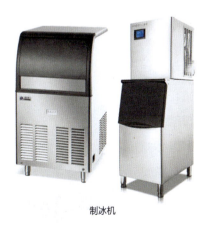
制冰机

开水机

全自动封罐机

7. 果糖定量机

这是茶饮店必备设备，因为糖是一杯饮品的灵魂，每一杯饮品都需要加糖。果糖定量机具有高精准、高稳定性、易上手的特点，全机用特殊材质制造。

使用方法：操作时根据所需出糖量调节即可。

果糖定量机

8. 自动封口机

可用于封口的材质有PP、PE、纸易撕膜，一般是自动封口。可封口的杯子口径分为95/90两种尺寸。将做好的茶饮封口，可用于外卖配送。

使用方法：设置好设备的各项参数后，将需要封口的杯子放入机器的指定位置即可。

9. 蒸汽机

用来打奶泡、加热饮品。这也是茶饮店必备设备。

使用方法：将出气口放入需加热的饮品中，达到所需温度即可。

10. 沙冰机

用于打碎冰块、鲜果、蔬菜等。可用来制作沙冰奶昔。

使用方法：将需打碎的食材放入机器的指定位置即可。

自动封口机

蒸汽机

沙冰机

11. 四合一多功能机

四合一多功能机包含萃茶机和搅拌机，使用时根据需要，调节到相关功能，一般有萃茶功能、沙冰功能、搅拌功能、奶盖功能。

萃茶机用于萃取茶叶中的精华，通过控制水温、时间和压力等参数，可以萃取出不同浓度和风味的茶汁。不同的茶叶需要设置不同的萃取参数，例如，红茶一般需要较高的水温（90~95℃）和较长的萃取时间（3~5分钟），而绿茶则需要较低的水温（75~85℃）和较短的萃取时间（1~2分钟）。

四合一多功能机

搅拌机主要用于制作冰沙、奶昔等饮品。通过高速搅拌，可以将水果、冰块、奶制品等原料混合均匀，制作出口感细腻的饮品。注意搅拌的时间和速度，避免过度搅拌导致饮品分层或失去应有的口感。

12．单头奶昔机

单头奶昔机

主要用于制作奶昔，以及混合奶茶让其充分融合。单头奶昔机配有不锈钢搅拌杯或PC搅拌杯，搅拌速度有慢速、快速之分。

使用方法：将装好食材的搅拌杯放入托架，盖上上风口盖，按操作键即可。

13．商用净水器

净水器属于茶饮店必备设备，用于日常的自来水净化。

茶饮店的用水是依靠净水系统提供的，使用时连接开水机、泡茶机、蒸汽机，以及摇茶区、后厨清洗区或各个需要净水的区域。

商用净水器

14．刻度雪克壶（雪克杯）

雪克壶由三个部分组成：上盖、隔冰器、壶身。主要用于调制鸡尾酒和一些混合冰饮，如鸡尾酒、奶昔等。雪克壶材质很多，茶饮店主要使用树脂或不锈钢材质。

刻度雪克壶（雪克杯）

使用方法：将饮料原料放入壶中，液体材料的量一般不超过雪克壶容量的2/3，以免在摇晃过程中溢出，接着盖上隔冰器及上盖，注意要将壶身和上盖紧密扣合，然后开始摇晃，单手或双手握住雪克壶，掌握好摇晃的力度和时间，一般持续10~30秒，让材料充分混合、降温。可以通过观察杯壁上出现的冷凝水来判断是否混合充分，最后打开上盖，将混合好的饮品倒入杯中即可享用。

保温茶桶

15．保温茶桶

主要用于保持茶汤的温度。

使用方法：将需要保温的饮品原料放入即可。

16．水果切片机

能快速进行水果切片，厚度可调节，方便收纳。

使用方法：操作时根据所需水果片的厚度调节即可。

水果切片机

17．珍珠锅

全自动珍珠锅，能提高煮珍珠效率。

使用方法：根据所需珍珠的生熟程度，将设备调节到所需时长即可。

珍珠锅

18．大功率电磁炉

主要用于煮茶或熬煮其他小料。

使用方法：根据所熬煮的物料，调节设备功率即可。

19．冷水壶

大小不同，主要用于盛茶汤、开水等。

大功率电磁炉

20．果粉盒

用于储存粉类的物料，应保持干净卫生。

21．不锈钢汤桶

用于煮茶，熬煮茶冻、仙草冻等。

冷水壶

果粉盒

不锈钢汤桶

22．不锈钢捣冰棒

用于捣压冰块和水果。

23．不锈钢奶油枪

用于制作奶油、气泡茶，需要填充气弹。

使用方法：注入气弹，摇匀，按压奶油枪即可。

不锈钢捣冰棒

24．手持打蛋器

用于制作奶盖、蛋糕酱等产品。

使用方法：将打蛋头放入需搅拌的原材料中进行搅打。

不锈钢奶油枪   手持打蛋器

25. 不锈钢拉花杯

用于盛装需要再加热的饮品，一般用于蒸汽加热奶制品。

26. 吧勺

用于搅拌饮品，有长短区分（9英寸/12英寸，即约23厘米/28厘米）。

27. 咖啡勺

PP材质，用于量取粉类物料。

28. 盎司杯（双头盎司杯）

用于量取果汁、果糖、酒类等辅料，有PC材质和不锈钢材质。

29. 计时器

用于计时。

30. 温度计

萃取茶汤时，用于测量茶汤的温度。

不锈钢拉花杯

吧勺

咖啡勺

盎司杯（双头盎司杯）

计时器

温度计

31．不锈钢柠檬压汁器

用于鲜果榨汁，主要适用于柑橘类水果。

使用方法：利用杠杆原理用力按压即可。

32．漏勺

不锈钢材质，用于捞取食材。

33．汤勺

不锈钢定量汤勺，用于盛取果汁、果酱、芋圆、仙草类辅料，一般容量在50毫升左右。

34．珍珠漏勺

用于盛取珍珠小料。

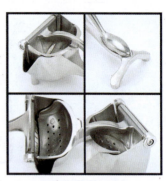

不锈钢柠檬压汁器

漏勺

汤勺

珍珠漏勺

35．冰铲

取冰块用，有大小之分。

36．撒粉器

又称撒粉罐，一般用来撒可可粉、抹茶粉。

冰铲

撒粉器

37. 漏网

用于清洗珍珠、西米、芋圆等颗粒类小料的容器。

38. 份数盘（带盖）

用于放置小料的容器。

漏网

份数盘（带盖）

39. PP 柠檬锤（捣压汁棒）

用于制作"暴打"系列的产品。PP 柠檬锤（捣压汁棒）根据雪克壶尺寸匹配相应的尺寸。

40. 榨汁机

用于榨取水果汁，选择功率适中、榨汁效果好的榨汁机，可以保证水果汁的口感和营养。

在榨汁过程中，应将水果等材料切成小块后再放入机器里，可以根据需要添加适量的水或冰块，以调整果汁的浓度和温度。

PP 柠檬锤（捣压汁棒）

榨汁机

2.5.2 成品、半成品储存器具相关知识

1. 成品储存器具

（1）**密封塑料瓶** 特点：成本较低，轻巧且不易破碎，方便运输和储存。其有多种规格，

可根据成品饮品的量来选择，一般具有良好的密封性能，能够有效防止饮品与外界空气接触，减少氧化和微生物污染的可能性。

适用饮品：果汁饮品、茶饮品等。例如，自制的柠檬茶装入密封塑料瓶后，在冷藏条件下可以保存一定时间。

（2）**玻璃瓶**　特点：化学性质稳定，不会与饮品发生化学反应，能很好地保持饮品的原有风味，而且透明度高，便于观察饮品的状态；密封性能佳，尤其是带有螺旋盖或软木塞的玻璃瓶。不过其偏重，且容易破碎，在使用和运输过程中需要小心。

适用饮品：咖啡浓缩液、高档果汁、酒类饮品等。例如，精品咖啡店用玻璃瓶储存冷萃咖啡浓缩液。

（3）**易拉罐**　特点：密封性极强，能够有效隔绝空气、光线和水分，为饮品提供良好的保存环境，而且材质坚固，便于携带和储存，占用空间小，一般是一次性使用，开启方便，内部有涂层，防止饮品与金属发生化学反应。

适用饮品：碳酸饮料、罐装咖啡、部分调制鸡尾酒等。例如市面上常见的罐装苏打水饮品就是用易拉罐来储存的。

2. 半成品储存器具

（1）**保鲜盒**　特点：通常是塑料材质，带有密封盖子，有多种尺寸可供选择。能够有效防止异味进入，保持半成品的新鲜度，可以直接放入冰箱冷藏或冷冻，方便分层存放不同的半成品。部分保鲜盒还可以在微波炉中使用，方便对半成品进行加热处理。

适用半成品：切好的水果块（用于制作果汁或果茶）、泡好的茶底（如冷泡茶）、打发的奶泡（用于咖啡饮品）等。

（2）**密封袋**　特点：价格便宜，使用灵活。有普通塑料密封袋和真空密封袋之分。真空密封袋可以抽出空气，更好地保存半成品，可以根据需要标记内容物和日期，便于管理和识别。

适用半成品：研磨好的咖啡粉、干茶叶、脱水水果干（用于制作果茶）等。例如，为了保持咖啡粉的风味，可以将其装入密封袋，挤出空气后放在阴凉处保存。

（3）**不锈钢容器**　特点：坚固耐用，抗腐蚀性能好，容易清洗。其能够承受一定的温度变化，可用于冷藏、冷冻或加热半成品。密封性能较好，特别是带有密封胶圈的不锈钢容器，不过其价格相对较高，也比较重。

适用半成品：煮好的糖浆（用于调味饮品）、咖啡浓缩液或茶提取物等。例如，在制作大量的焦糖糖浆后，可以将其倒入不锈钢容器中储存。

复习思考题

1. 现制饮品的主要类型有哪些？

2. 想要突出饮品的自然花香，应选用哪种茶基底？

3. 水果、奶制品等食材需保持新鲜，防腐剂的使用应执行哪项标准？

4. 奶类饮品主要添加哪些乳类产品？

5. 常见的咖啡饮品种类有哪些？

6. 制作饮品的原辅料验收标准有哪些？

7. 在制备饮品基底时，要注意些什么？

8. 现制饮品装饰方法有哪些？

9. 简述现制饮品包装器具材质的特性。

项目 3

饮品服务

▼ ▼ ▼

饮品服务
- 顾客接待
  - 产品特点介绍
  - 饮品制作流程
  - 接待建议
- 客诉处理
  - 订单投诉处理流程
  - 顾客维护
  - 技能训练1　客诉处理案例：顾客认为饮品口味不符合期望
  - 技能训练2　客诉处理案例：顾客认为饮品温度不合适
  - 技能训练3　客诉处理案例：顾客投诉饮品中有异物
  - 技能训练4　客诉处理案例：顾客投诉服务态度问题
  - 技能训练5　客诉处理案例：顾客投诉订单错误

3.1 顾客接待

调饮茶店在接待顾客时，需要提供专业、热情、周到、及时的服务，以提升顾客满意度和品牌形象。还应注意自身的仪态（仪态指人在行为中的姿势与风度的外在体现，仪态包括但不限于步幅、走姿、站姿等与人交流时的动作），在与顾客的接触中要保持热情、大方、积极、微笑、礼貌，语气应亲切大方，以留给对方良好的印象。调饮师要保证自己的仪容干净整洁，不得留长指甲、不能涂有色的指甲油、不使用气味较浓的化妆品。

3.1.1 产品特点介绍

在接待顾客时，调饮师需要详细介绍调饮茶的产品特点，包括口味、成分、功效等，以便顾客根据自己的喜好和需求做出选择。例如，可以向顾客介绍各种茶底的口感和功效，如绿茶口感鲜爽、乌龙茶香气突出等，以及调饮茶中的各种配料，如水果、奶盖、珍珠等。

3.1.2 饮品制作流程

调饮师需要熟练掌握饮品的制作流程，以保证饮品质量和口感。饮品制作流程包括以下几个步骤。

1）按照配方准确称取茶、水、配料等原料和辅料。

2）将茶和水按比例放入茶桶，进行萃取。

3）根据饮品需求，加入适量的配料，如水果、奶盖、珍珠等。

4）将饮品倒入杯中，根据顾客需求调整冰量。

5）最后，为饮品封口或摆盘，递交给顾客。

3.1.3 接待建议

1）热情欢迎。顾客进门时，要面带微笑，热情地打招呼，让顾客感受到亲切和舒适，然后将客人带到合适的位置（在接待客人的过程中应保持良好的态度：语言温和、态度诚恳、动作随和）。

2）了解需求。主动询问顾客的需求，耐心倾听他们的要求，以便为他们推荐合适的饮品。

3）专业推荐。根据顾客的口味和需求，为他们推荐适合的饮品，可以介绍饮品的特色和口感，帮助他们做出选择（如高血压患者不适合饮用含有大量咖啡因的饮料），如顾客要的饮品本店不经营或者是菜单以外的，可向其推荐本店的其他饮品。

4）精准制作。按照顾客的要求，精准调制饮品，确保饮品口感和质量。

5）快速高效。在高峰期，要尽量做到快速出品，使顾客减少等待时间，提高顾客满意度。

6）卫生清洁。保持店内环境整洁，确保饮品制作过程中的卫生，让顾客放心消费。为了避免熟食受到各种病原菌污染，所有接触直接入口食品的人要经常洗手和消毒，要保持食品加工操作场所的清洁，避免蚊蝇和鼠类接触食品，避免生食与熟食接触等。如针对新型冠状病毒要在56℃以上的温度，消毒30分钟。最适宜细菌繁殖的温度在6~60℃，开封后需冷藏的食品在此温度范围内放置超过4小时必须废弃。定期对食品进行送检，食品抽检由食品生产经营者无偿提供被抽检的食品。

7）贴心关怀。关注顾客在店内的体验，适时提供帮助，如提供纸巾、餐具等。

8）售后服务。顾客离开时，要表示感谢，欢迎他们下次光临。如顾客反馈意见，要认真倾听，及时改进。

9）会员管理。建立会员制度，为会员提供优惠和专属服务，增加顾客黏性。

10）营销推广。利用社交媒体、线下活动等渠道，宣传品牌和产品，吸引更多顾客。

11）持续改进。关注行业动态，不断优化产品和服务，提升顾客体验。

12）丰富肢体语言。通过肢体语言（如点头、微笑）提升与顾客的沟通效果。

13）尊重文化。对不同文化背景的顾客保持尊重和理解。

通过以上要点，调饮茶店可以提升顾客接待水平，增加顾客满意度，从而提高店铺的业绩和口碑。

3.2 客诉处理

《中华人民共和国食品安全法》规定，接到消费者赔偿要求的食品生产企业，应当实行首付责任制，先行赔付，不得推诿。

在处理投诉时，重要的是保持冷静、专业，并确保顾客感到被尊重和重视。通过有效的沟通和及时的补救措施，可以最大限度地减少顾客的不满，并可能将一次不愉快的经历转变为积极的品牌宣传机会。

3.2.1　订单投诉处理流程

当顾客投诉订单或饮品时，员工需要掌握以下处理流程。

1）认真倾听顾客的投诉内容，了解他们的需求。

2）表示歉意，并向顾客表示感谢，因为他们帮助我们发现和改进问题。

3）根据顾客的投诉内容，尽快给出解决方案，如重新制作饮品、退款等。

4）记录投诉内容，以便后续改进和避免类似问题的发生。

5）定期对投诉情况进行分析，找出问题原因，制订改进措施。

3.2.2　顾客维护

在处理客诉时，员工需要具备一定的顾客维护知识，以便在解决问题时，既能满足顾客的需求，又能维护店铺的形象，以下是一些建议。

1）保持耐心和礼貌，与顾客进行有效沟通。

2）站在顾客的角度，理解他们的需求和感受。

3）提供合适的解决方案，让顾客感受到诚意。

4）定期关注顾客反馈，主动了解他们的需求和期望，不断优化产品和服务。

5）通过会员制度、优惠活动等方式，增加顾客黏性，提高复购率。

技能训练 1　客诉处理案例：顾客认为饮品口味不符合期望

顾客投诉："我点的奶茶味道太淡了，和上次的不一样。"

处理方法：首先向顾客表示歉意，然后检查在制作过程中茶水比例或配料是否添加不当。根据顾客的口味偏好，可以调整比例或添加适量的糖，重新制作一杯符合顾客口味的奶茶。同时，记录顾客的反馈，以便在未来的制作中保持一致性。

技能训练 2　客诉处理案例：顾客认为饮品温度不合适

顾客投诉："我要求的是热饮，但这杯茶是温的。"

处理方法：向顾客道歉，并立即重新制作一杯符合要求的热饮。确保在制作过程中使用合适温度的水，并在出品前检查饮品温度。同时，向顾客解释造成问题的原因，并保证今后会更加注意。

技能训练 3　客诉处理案例：顾客投诉饮品中有异物

顾客投诉："我的果汁里有异物。"

处理方法：立即停止制作饮品，并关切地询问顾客是否受伤。为顾客提供紧急医疗援助，如需要，陪同顾客前往医院。同时，全面检查饮品制作区域，确保没有其他饮品受到影响。

记录投诉，并对制作流程进行审查，以防止类似事件再次发生。

技能训练4　客诉处理案例：顾客投诉服务态度问题

顾客投诉："刚才服务员的态度很差，让我很不舒服。"

处理方法：向顾客表示诚挚的歉意，并承诺会调查并处理这一情况。确保顾客感到被重视，并提供一定的补偿，如优惠券或免费饮品。在事后对员工进行培训，强调服务态度的重要性，并确保每位员工都能提供友好、专业的服务。

技能训练5　客诉处理案例：顾客投诉订单错误

顾客投诉："我点的是大杯，怎么给我的是中杯？"

处理方法：立即为顾客更换正确规格的饮品，并向顾客道歉。检查点单和制作流程，找出错误发生的原因，并采取措施避免未来发生类似错误。同时，向顾客保证今后会更加注意订单的准确性，或给予相应补偿。

现制调饮茶饮品是调饮茶店的核心业务，它涉及茶饮的制作工艺、食材搭配、口味调整等多个方面。将不同调饮制品进行标准化、规范化能大大提高工作效率和降低时间成本。

在饮品调制过程中，应严格遵循卫生规范，确保饮品安全。同时，员工应定期接受培训，以提高饮品制作技能和服务质量。

复习思考题

1. 调饮师在个人仪容方面要注意哪些方面？

2. 在顾客点单时，如何进行专业推荐？

3. 在调饮茶店，如何进行客户维护？

4. 简述调饮茶产品营销推广方法。

5. 如遇订单遭客户投诉，应如何进行妥善处理？

项目 4

饮品制作

▼ ▼ ▼

饮品制作

茶类饮品制作
- 技能训练1　纯茶——一品岩骨
- 技能训练2　果味冰茶——闪光爆爆茶
- 技能训练3　椰水冰茶——茉香生椰饮
- 技能训练4　奶盖茶——红毛峰玛奇朵
- 技能训练5　奶盖茶——芝士抹茶红豆

果蔬类饮品制作
- 技能训练6　水果茶——鸭屎香柠檬茶
- 技能训练7　水果奶昔——开心牛油果椰奶昔
- 技能训练8　水果茶——雪梨柚香
- 技能训练9　水果气泡——小麦草汁气泡水
- 技能训练10　水果茶——芭乐百香

咖啡、巧克力、可可类饮品制作
- 技能训练11　茶咖——花香红茶咖
- 技能训练12　奶盖果咖——黄油芭乐美式
- 技能训练13　巧克力饮——椰乳巧克力
- 技能训练14　风味可可乳——酒心荷包蛋
- 技能训练15　风味巧克力奶咖——绿薄荷巧克力奶云

奶茶类饮品制作
- 技能训练16　新中式奶茶——百花争艳
- 技能训练17　云端乳茶——第一香乳茶
- 技能训练18　台式奶茶——如虎添翼奶茶
- 技能训练19　糯Q乳茶——茉莉蜜桃糯Q乳茶
- 技能训练20　奶沫乳酪茶——花果四季乳酪

滋补养生类饮品制作
- 技能训练21　生姜红枣茶——暖心姜枣茶
- 技能训练22　柚子茶——青柠冰柚
- 技能训练23　姜乳饮——一统姜山
- 技能训练24　银耳羹——桂花生椰银耳羹
- 技能训练25　养生茶——银耳吊梨汤

茶酒类饮品制作
- 技能训练26　自然橙醉
- 技能训练27　百香朗姆
- 技能训练28　樱花草莓莫吉托
- 技能训练29　梅莓酒酿鲜果茶
- 技能训练30　橙香咖啡

4.1　茶类饮品制作

茶类饮品制作流程如下。

1）选择合适的茶叶，根据茶叶种类确定泡茶水温。

2）泡茶时间根据茶叶种类和顾客口味调整。

3）过滤茶叶，保留茶汤。

4）根据顾客需求添加糖、冰块或其他调味品。

5）装杯，可加入柠檬片、薄荷叶等装饰。

技能训练 1

纯茶——一品岩骨

出品规格

热饮，200 毫升

产品配方

| 虎啸岩肉桂茶 | 40 克 | 冰块 | 450 克 | 直饮水 | 180 毫升 |
| 90℃热水 | 900 毫升 | 冰糖糖浆 | 5 毫升 |

产品制作流程

1）量杯中加入虎啸岩肉桂茶 40 克和 90℃热水 900 毫升，闷泡 12 分钟（时间过半搅拌 3 圈）。

2）过滤茶汤，倒入装有 450 克冰块的另一个量杯中搅拌均匀。

3）在拉花缸中加入做法 2 的茶汤 150 毫升、直饮水 180 毫升、冰糖糖浆 5 毫升。

4）蒸汽加热至 65℃。

5）倒入出品杯中，摆盘出品即可。

制作关键

1）为了避免量取工具刻度不标准导致热水过多或过少，影响茶汤质量，推荐用电子秤称取热水（水的毫升数等于水的克重）。

2）量热水水温时，应将温度计悬浮在热水的中间，位置过高或过低测出来的温度都不准确。

3）虎啸岩肉桂茶泡制时间为 12 分钟，泡至 6 分钟时搅拌一次。为使茶汤泡制标准化，采用上投法投掷茶叶。

4）虎啸岩肉桂茶需要闷泡（盖上盖子），需要温度恒定，这样利于茶汤中的内含物质充分且均匀地萃取。

出品标准

1）此产品为纯茶饮品的热饮，出品以温热不烫口为宜。

2）饮品前调：炭火香，中调：果香，后调：花香有凉感。

果味冰茶——闪光爆爆茶

出品规格

冰饮，500 毫升

产品配方

85℃热水	900 毫升	马蹄爆爆珠	50 克	冰糖糖浆	15 毫升
茉香绿茶	40 克	直饮水	150 毫升		
冰块	620 克	香水柠檬	2 片		

产品制作流程

1）量杯加入 85℃热水 900 毫升，敞泡 6 分钟并搅拌 3 圈。

2）过滤茶汤，倒入盛有 500 克冰块的另一个量杯中搅拌均匀。

3）在出品杯中加入马蹄爆爆珠 50 克、冰块 120 克备用。

4）另取量杯加入做法 2 的茶汤 150 毫升、直饮水 150 毫升、香水柠檬 2 片、冰糖糖浆 15 毫升搅拌均匀。

5）倒入出品杯中，摆盘出品。

制作关键　1）此产品为加料饮品的冰饮。

　　2）茉香绿茶的最佳泡制温度为80~85℃，温度不能过高。泡制时间为6分钟。为使茶汤泡制标准化，采用上投法投掷茶叶。

　　3）茉香绿茶需要敞泡（不盖盖子），需要温度随着室温慢慢下降，不需要温度恒定，否则茶汤中的内含物质会萃取过度，茶汤变得苦涩，口感不佳。

出品标准　1）口感冰爽，有柠檬香。

　　2）入口有微妙的口感，趣味十足。

椰水冰茶——茉香生椰饮

出品规格

冰饮，500 毫升

产品配方

85℃热水	900 毫升	寒天晶球	30 克	冰糖糖浆	10 毫升
茉香绿茶	40 克	椰子水	200 毫升	冰块	650 克

产品制作流程

1）在 2 升量杯中加入 85℃热水 900 毫升，加茉香绿茶 40 克，搅拌 3 圈，敞泡 6 分钟后，再过滤至盛有 500 克冰块的量杯中搅拌均匀。

2）在出品杯中加入寒天晶球 30 克、冰块 150 克备用。

3）另取量杯加入椰子水 200 毫升、冰糖糖浆 10 毫升，搅拌均匀倒入出品杯中。

4）最后倒入做法 1 的茶汤 120 毫升，摆盘出品。

制作关键　1）此产品为椰子类冰饮，原料须选用椰子水，不要用椰粉。

2）茉香绿茶需要敞泡，最佳泡制温度为80～85℃，温度不能过高。

3）椰子水与冰糖糖浆要搅拌充分，使其充分融合。

4）茉香绿茶茶汤要缓慢倒入出品杯，才能出现分层效果。

出品标准　1）饮品汤色清透，分层效果明显。

2）清润花香，口感冰爽。

调饮师职业培训教程

奶盖茶——红毛峰玛奇朵

出品规格

冰饮，600 毫升

产品配方和工具

90℃热水	1150 毫升	冰块	适量	奶油枪	1 把
红毛峰茶叶	50 克	味全芝士奶油	380 克	奶油气弹	1 个
果糖	25 毫升				

产品制作流程

1）在 2 升量杯中加入 90℃热水 1150 毫升，加入红毛峰茶叶 50 克，搅拌 3 圈，加盖闷 5 分钟，搅拌 3 圈，继续加盖闷 5 分钟。

2）另取量杯加入做法 1 的茶汤 300 毫升、果糖 25 毫升，搅匀。

3）出品杯（700 毫升）加冰块至七分满。

4）将做法 2 的茶汤过滤至出品杯中。

5）奶油枪中加入味全芝士奶油 380 克，打入 1 个奶油气弹摇至所需状态。

6）将做法 5 制作的芝士奶盖铺至出品杯的 9.5 分满，即可出品。

1a 1b 2a 2b 2c 3 4 5 6

制作关键　1）此产品为玛奇朵类饮品。玛奇朵采用微发泡技术，可形成"云朵"效果。

2）红毛峰茶叶泡制水温90℃左右，泡制时间10分钟，泡至5分钟时搅拌一次。

3）红毛峰茶叶冲泡需要盖上盖子闷泡。

出品标准　1）分层效果明显。

2）奶云绵密，茶香明显。

奶盖茶——芝士抹茶红豆

出品规格

冰饮，500 毫升

产品配方和工具

味全芝士奶油	380 克	热水	100 毫升	牛奶	50 毫升
奶油枪	1 把	宇治抹茶	20 克	红豆	50 克
奶油气弹	1 个	果糖	25 毫升	冰块	200 克

产品制作流程

1）奶油枪中加入味全芝士奶油 380 克、果糖 10 毫升，打入 1 个奶油气弹摇至所需状态。

2）量杯中依次加入热水 100 毫升、宇治抹茶 15 克、果糖 15 毫升。

3）加入牛奶 50 毫升混合，搅匀即成抹茶茶底。

4）出品杯中按顺序加入红豆 50 克、冰块 200 克。

5）将制作好的抹茶茶底倒入出品杯。

6）加做法 1 制作的芝士奶盖至出品杯的 9.5 分满，撒宇治抹茶 5 克装饰。

制作关键　1）此产品为加料芝士茶。

　　　　　2）抹茶与热水需用茶筅充分搅打至均匀无颗粒。

　　　　　3）抹茶液、果糖和牛奶需要充分搅拌融合。

　　　　　4）要有足够量的冰块来承托芝士奶盖。

出品标准　1）三层次的分层效果明显。

　　　　　2）芝士奶盖口感绵密，中段茶汤口感冰爽，恰到好处。

4.2 果蔬类饮品制作

果蔬类饮品制作流程如下。

1）选择新鲜水果和蔬菜，清洗并去皮、去籽。

2）切成适当大小，便于榨汁。

3）使用榨汁机榨取汁液。

4）根据需求添加纯净水、糖浆或冰块。

5）装杯，可加入水果切片或吸管。

技能训练 6

水果茶——鸭屎香柠檬茶

出品规格

冰饮，700 毫升

产品配方

90℃热水	900 毫升	黄柠汁	15 毫升
鸭屎香单枞茶	40 克	直饮水	100 毫升
冰块	适量	冰糖糖浆	65 毫升
香水柠檬	5 片		

产品制作流程

1）量杯中加入 90℃热水 900 毫升，加入鸭屎香单枞茶 40 克闷泡 12 分钟（时间过半搅拌 3 圈）。

2）时间到后，过滤至盛有 450 克冰块的另一个量杯中搅拌均匀。

3）在 700 毫升雪克壶中加入香水柠檬 5 片、冰块 50 克，捶打 20 下。

4）按顺序再加入黄柠汁 15 毫升、做法 1 的茶汤 200 毫升、直饮水 100 毫升、冰糖糖浆 65 毫升，冰块加至 650 毫升刻度线，雪克均匀。

5）倒入出品杯中，摆盘出品。

1

2

3a

3b

3c

4a

4b

4c

4d

4e

4f

5a

5b

制作关键　1）选择香气馥郁高扬的鸭屎香单枞茶，以新茶为好。

2）鸭屎香单枞茶选用90℃左右的热水冲泡。

3）雪克一定要均匀，雪克壶上下翻动为一下，根据制作者力度调整雪克次数。

出品标准　茶香馥郁，果香明显，口感冰爽。

水果奶昔——开心牛油果椰奶昔

出品规格

冰饮，500 毫升

产品配方和工具

开心果粉	10 克	生椰乳	180 克	冰块	200 克
冷冻牛油果泥	65 克	冰糖糖浆	10 毫升	沙冰机	1 台

产品制作流程

1）沙冰机中加入开心果粉 10 克、冷冻牛油果泥 65 克、生椰乳 180 克、冰糖糖浆 10 毫升、冰块 200 克。

2）启动沙冰机搅打至无颗粒状。

3）搅打均匀后，倒入出品杯中装饰即可摆盘出品。

1a

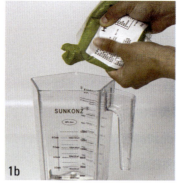

1b

1c

1d

1e

2

3a

3b

制作关键　1）牛油果可选择冷冻牛油果泥，方便快捷。如选择新鲜牛油果，注意制作速度要快，避免果肉氧化变黑。

2）所需材料按顺序放入沙冰机中搅打至均匀无颗粒。

出品标准　口感融合且冰爽。

水果茶——雪梨柚香

出品规格

热饮，500 毫升

产品配方

85℃热水	900 毫升	新鲜雪梨	70 克	安德鲁菊花雪梨酱	35 克
茉香绿茶	40 克	直饮水	210 毫升	比亚乐蜂蜜柚子酱	20 克
冰块	500 克	冰糖糖浆	15 毫升		

产品制作流程

1）在 2 升量杯中加入 85℃热水 900 毫升，再加入茉香绿茶 40 克，搅拌 3 圈，敞泡 6 分钟。

2）茶汤过滤至盛有 500 克冰块的另一个量杯中搅拌均匀。

3）在出品杯中加入新鲜雪梨 70 克，捣碎。

4）拉花缸中按顺序加入做法 2 的茶汤 140 毫升、直饮水 210 毫升、冰糖糖浆 15 毫升、安德鲁菊花雪梨酱 35 克、比亚乐蜂蜜柚子酱 20 克，搅匀。

5）蒸汽加热至 55~65℃。

6）将加热后的混合果汁倒入装了新鲜雪梨的出品杯中，用竹扦穿一块雪梨装饰，出品。

1

2

3a

3b

4a

4b

4c

4d

4e

5

6a

6b

制作关键　1）选用新鲜现切雪梨。

2）茉香绿茶的最佳泡制温度为80～85℃，温度不能过高。泡制时间为6分钟。

3）果酱需要充分搅拌至融合。

出品标准　1）用新鲜水果装饰。

2）饮品温热不烫口。

水果气泡——小麦草汁气泡水

出品规格

冰饮，500 毫升

产品配方和工具

冰块	950 克	小麦草汁	30 毫升	苏打气瓶	1 个
热水	500 毫升	冰糖糖浆	15 毫升	苏打气弹	1 个
青柠	3 片	薄荷叶	4 片		

产品制作流程

1）取 2 升量杯，在量杯中加入冰块 800 克备用。

2）将热水 500 毫升倒入量杯中，用吧勺搅拌 15 圈至均匀备用。

3）取苏打气瓶，将做法 2 的冰水倒入苏打气瓶中，至 950 毫升刻度线，打入 1 个苏打气弹，等待 1 分钟即可，冷藏密封可保存 48 小时。

4）在雪克壶中加入青柠 3 片、薄荷叶 4 片、冰块 150 克，加入小麦草汁 30 毫升、冰糖糖浆 15 毫升，雪克 15~20 下。

5）雪克均匀后倒入出品杯中。

6）再取做法 3 制作的气泡水 200 克匀速倒入出品杯，表面用薄荷叶（另取）装饰即可出品。

制作关键　1）制作气泡水时，热水与冰块的比例为1:1.6，搅拌均匀后，冰块不会完全融化。冰水的温度为2~5℃，此温度能使苏打气体最大限度融入冰水中。

　　　　　　2）一定要雪克均匀，根据制作者力度调整雪克次数。

　　　　　　3）气泡水需匀速慢慢倒入出品杯中，如果倒得太快，不会呈现分层效果，产品出品会不美观。

出品标准　1）茶汤清透，气泡感充足。

　　　　　　2）口感冰爽，薄荷味明显。

水果茶——芭乐百香

出品规格

冰饮，700 毫升

产品配方和工具

90℃热水	1000 毫升	直饮水	150 毫升	玫瑰糖浆	5 毫升
花香四季春乌龙茶	50 克	安德鲁百香果	30 克	奶油枪	1 把
冰块	适量	芭乐果酱	30 克	奶油气气弹	2 个
水蜜桃糖浆	15 毫升	香水柠檬	3 片		
山茶花糖浆	15 毫升	冰糖糖浆	10 毫升		

产品制作流程

1）在 2 升量杯中按顺序加入 90℃热水 1000 毫升、花香四季春乌龙茶 50 克，搅拌 3 圈，加盖闷 6 分钟。

2）再搅拌 3 圈后，继续加盖闷 6 分钟，过滤至装有 500 克冰块的量杯中备用。

3）在奶油枪中依次加入做法 2 的茶汤 900 毫升、水蜜桃糖浆 15 毫升、山茶花糖浆 15 毫升。

4）依次放入 2 个奶油气气弹，摇晃 20 下。

5）在雪克壶中按顺序加入安德鲁百香果 30 克、芭乐果酱 30 克、香水柠檬 3 片、冰糖糖浆

10 毫升、玫瑰糖浆 5 毫升、直饮水 150 毫升，加入冰块至 550 毫升刻度线。

6）雪克壶盖上盖子，用力雪克 20 下，不用过滤，

倒 150 毫升至出品杯中。

7）在出品杯中加入做法 4 制作的食材至满杯即可。

制作关键　1）花香四季春乌龙茶需加盖闷泡12分钟，需要温度恒定，使茶汤中的内含物质充分且均匀地萃取出来。

2）使用奶油枪时注意安全，依次放入两个氮气气弹，摇晃20下左右。

3）一定要雪克均匀，根据制作者力度调整雪克次数。

出品标准　1）产品应呈现明显分层效果。

2）口感冰爽，果香明显。

4.3 咖啡、巧克力、可可类饮品制作

咖啡、巧克力、可可类饮品制作流程如下。

1）确保咖啡豆新鲜，研磨度适宜。

2）使用专业咖啡机或咖啡壶冲煮咖啡。

3）根据需要添加巧克力酱、可可粉等。

4）适当加入茶饮原料或辅料。

5）调整温度和甜度，满足不同顾客需求。

6）装杯，可添加奶油、巧克力碎片等装饰。

技能训练 11

茶咖——花香红茶咖

出品规格

冰饮，500 毫升

产品配方和工具

90℃热水	1000 毫升	奶油	350 克
花香红茶	50 克	果糖	25 毫升
冰块	650 克	咖啡豆	18 克
焙茶糖浆	40 毫升	奶油枪	1 把
牛奶	80 毫升	奶油气弹	1 个

产品制作流程

1）在 2 升量杯中依次加入 90℃热水 1000 毫升、花香红茶 50 克，搅拌 3 圈，加盖闷 5 分钟，搅拌 3 圈后继续加盖闷 5 分钟，再过滤至盛有 500 克冰块的量杯中搅拌均匀。

2）奶油枪中加入奶油 350 克、焙茶糖浆 40 毫升，打入 1 个奶油气弹摇晃 20 下。

3）出品杯中依次加入做法 1 的茶汤 200 毫升、牛奶 80 毫升、奶油 25 毫升、果糖 25 毫升、冰块 150 克，搅拌均匀。

4）咖啡机中加入咖啡豆 18 克萃取意式咖啡浓缩液，倒入出品杯中。

5）最后将做法 2 中打好的焙茶奶油 30 克花式打入出品杯即可。

制作关键

1）花香红茶需盖上盖子闷泡，需要温度恒定，使茶汤中的内含物质充分且均匀地萃取出来。

2）咖啡萃取压力与温度正常设置，按1:2的粉水比萃取意式咖啡浓缩液。

3）奶油枪绕圈打出焙茶奶油，呈金字塔堆叠状。

出品标准

1）茶与奶的融合度高。

2）焙茶奶油堆出杯口，茶汤冰爽适口。

调饮师职业培训教程

奶盖果咖——黄油芭乐美式

出品规格

冰饮，500 毫升

产品配方和工具

芝士奶油	300 克	芭乐果酱	25 克	冰糖糖浆	5 毫升
牛奶	50 克	冰块	150 克	奶油枪	1 把
百利甜	20 毫升	椰子水	150 毫升	奶油气弹	1 个
黄油啤酒	40 毫升	咖啡豆	18 克		

产品制作流程

1）奶油枪中依次加入芝士奶油 300 克、牛奶 50 克、百利甜 20 毫升、黄油啤酒 40 毫升，打入 1 个奶油气弹摇至所需状态备用。

2）在出品杯中依次加入芭乐果酱 25 克、冰糖糖浆 5 毫升、冰块 150 克、椰子水 150 毫升。

3）咖啡机中加入咖啡豆 18 克萃取意式咖啡浓缩液，倒入出品杯中。

4）最后加入做法 1 制作的黄油奶盖 40 克即可出品，提醒顾客喝前搅匀。

1a   1b   1c
1d   1e   1f
1g   2a   2b
2c   2d   3a
3b   4a   4b

制作关键 1）按1:2的粉水比常温萃取意式咖啡浓缩液。

2）黄油啤酒和牛奶需充分融合。

3）出品时要有足够冰块承托黄油奶盖。

出品标准 1）产品呈现明显分层，上半部分奶油满杯但不溢出，下半部分茶汤呈粉紫色。

2）口感馥郁，有淡淡酒香。

调饮师职业培训教程

巧克力饮——椰乳巧克力

出品规格

冰饮，500 毫升

产品配方和工具

安佳淡奶油	350 克	生椰乳	200 毫升	坚果碎	若干
法式香草糖浆	30 毫升	果糖	5 毫升	奶油枪	1 把
冰块	200 克	巧克力酱	20 克	奶油气弹	1 个

产品制作流程

1）奶油枪中依次加入安佳淡奶油 350 克、法式香草糖浆 30 毫升，打入 1 个奶油气弹摇至所需状态备用。

2）出品杯中加入冰块 200 克、生椰乳 200 毫升、果糖 5 毫升，倒入巧克力酱 20 克搅匀。

3）再加入做法 1 制作的奶油雪顶，用坚果碎装饰即可出品。

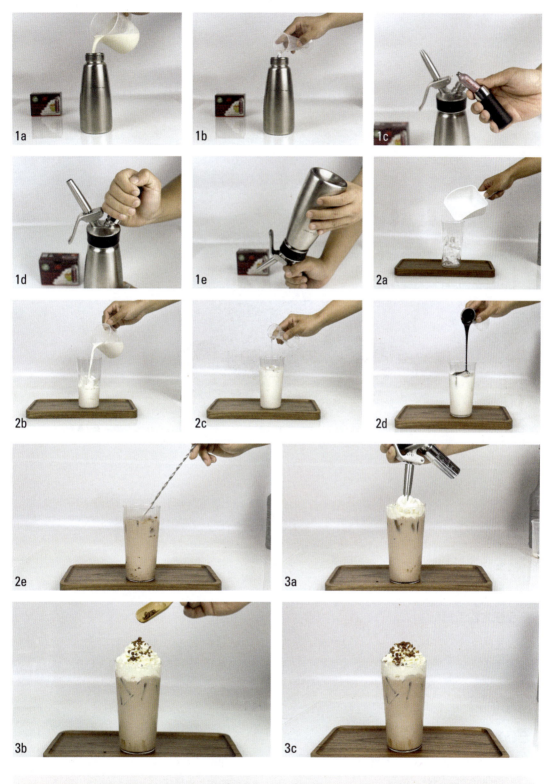

1a

1b

1c

1d

1e

2a

2b

2c

2d

2e

3a

3b

3c

制作关键 冰块、生椰乳、果糖和巧克力酱要充分搅拌融合。

出品标准 呈现明显分层效果，奶油雪顶堆叠高于杯口。

调饮师职业培训教程

风味可可乳——酒心荷包蛋

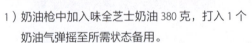

出品规格

热饮，360 毫升

产品配方和工具

味全芝士奶油	380 克	生椰乳	150 毫升	橙子	1 片
麦芽威士忌糖浆	10 毫升	植脂奶	10 毫升	奶油枪	1 把
直饮水	50 毫升	51% 可可粉	8 克	奶油气弹	1 个

产品制作流程

1）奶油枪中加入味全芝士奶油 380 克，打入 1 个奶油气弹摇至所需状态备用。

2）出品杯中加入麦芽威士忌糖浆 10 毫升。

3）拉花缸中依次加入生椰乳 150 毫升、直饮水 50 毫升、植脂奶 10 毫升、51% 可可粉 8 克，蒸汽加热至 65℃。

4）趁热倒入出品杯。

5）做法 1 中打好的芝士奶盖装入出品杯至满，撒上适量可可粉（另取）。

6）挤上少许芝士奶盖，放上橙子片装饰出品。

1a

1b

1c

2

3a

3b

3c

3d

3e

4

5a

5b

6a

6b

6c

制作关键　1）生椰乳、植脂奶、可可粉和直饮水要蒸汽充分加热至融合。

2）芝士奶盖要制成黏稠状，过稀无法承托装饰物。

出品标准　饮品温热不烫口，搅拌后饮用。

风味巧克力奶咖——绿薄荷巧克力奶云

出品规格

热饮，360 毫升

产品配方

牛奶	260 克	黑巧克力酱	5 克
绿薄荷糖浆	10 毫升	咖啡豆	36 克

产品制作流程

1）拉花缸中加入牛奶 260 克、绿薄荷糖浆 10 毫升，蒸汽打发出厚奶沫，倒入出品杯中。

2）咖啡机中加入咖啡豆 36 克，萃取出双份意式浓缩咖啡液，加入黑巧克力酱 5 克搅拌均匀。

3）将搅匀的咖啡巧克力液从出品杯的奶沫中心倒入，摆盘出品。

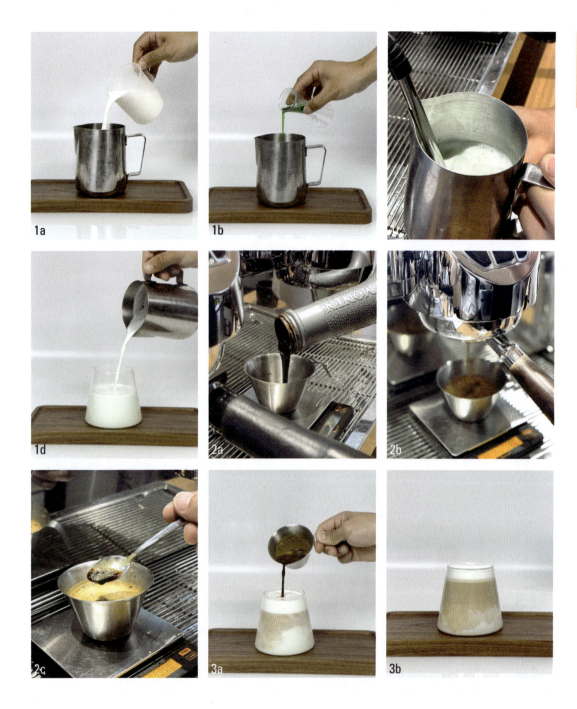

1a

1b

1d

2a

2b

2c

3a

3b

制作关键　1）将牛奶和绿薄荷糖浆充分打发融合，打出两厘米高的厚奶沫。

2）按1:2的粉水比常温萃取意式咖啡浓缩液。

3）将意式浓缩咖啡液与黑巧克力酱搅拌均匀至充分融合。

出品标准　1）饮品呈现分层融合效果。

2）饮品温热不烫口。

4.4 奶茶类饮品制作

奶茶类饮品制作流程如下。

1）选择优质茶叶和新鲜牛奶或奶精。

2）泡制茶汤，与牛奶混合。

3）根据口味添加糖浆、蜂蜜或其他调味品。

4）使用搅拌器充分混合。

5）装杯，可添加奶盖、珍珠等配料。

技能训练 16

新中式奶茶——百花争艳

出品规格

冰饮，500 毫升

产品配方和工具

90℃热水	1000 毫升	奶油	25 毫升
花香红茶	50 克	果糖	25 毫升
冰块	600 克	奶昔机	1 台
安佳淡奶油	350 克	玫瑰花瓣	少许
法式香草糖浆	30 毫升	奶油枪	1 把
牛奶	80 毫升	奶油气弹	1 个

产品制作流程

1）在 2 升量杯中加入 90℃ 热水 1000 毫升，再加花香红茶 50 克，搅拌 3 圈，加盖闷 5 分钟后，搅拌 3 圈继续加盖闷 5 分钟，过滤至装有 500 克冰块的量杯中搅拌均匀。

2）奶油枪中加入安佳淡奶油 350 克、法式香草糖浆 30 毫升，打入 1 个奶油气弹摇至所需状态。

3）奶昔杯中依次加入做法 1 的茶汤 200 毫升、牛奶 80 毫升、奶油 25 毫升、果糖 25 毫升、冰块 100 克，用奶昔机搅拌均匀，倒入出品杯中。

4）奶油枪在出品杯中打入 35 克奶油雪顶，撒上玫瑰花瓣装饰即可出品。

1a

1b

2a

2b

2c

2d

3a

3b

3c

3d

3e

3f

3g

4a

4b

制作关键　1）用 90℃ 的热水盖上盖子闷泡花香红茶。

2）正确使用奶昔机制作奶昔。

出品标准　1）选择不透明出品杯。

2）口感冰爽绵密。

云端乳茶——第一香乳茶

出品规格

热饮，500 毫升

产品配方和工具

85℃热水	1300 毫升	奶油	80 毫升	茶筅	1 个
茉香绿茶	60 克	果糖	30 毫升	奶油枪	1 把
冰块	650 克	茉莉花糖浆	10 毫升	奶油气弹	1 个
云顶粉	50 克	栀子花糖浆	10 毫升		
热水	30 毫升	牛奶	100 毫升		
直饮水	100 毫升	抹茶粉	少许		

产品制作流程

1）在量杯中加入 85℃热水 1300 毫升、茉香绿茶 35 克，敞泡 4 分钟后加入茉香绿茶 25 克，搅拌 3 圈，敞泡 2 分钟。

2）泡好后过滤至加了 650 克冰块的另一个量杯中，搅拌至冰块完全融化。

3）另取量杯加入云顶粉 50 克、热水 30 毫升，用茶筅搅打均匀，倒入奶油枪中。

4）将做法 2 的茶汤 200 毫升、直饮水 100 毫升、奶油 55 毫升、果糖 5 毫升、茉莉花糖浆 10 毫升、栀子花糖浆 10 毫升依次倒入奶油枪中，打入 1 个奶油气弹，摇 10~15 下备用。

5）拉花缸中依次加入做法 2 的茶汤 250 毫升、奶油 25 毫升、牛奶 100 毫升、果糖 25 毫升，用蒸汽加热至 55~65℃。

6）加热后倒入出品杯中，顶部用奶油枪打入茉莉轻云顶 40 克，最后撒少许抹茶粉装饰出品。

制作关键　1）此款饮品为轻乳茶。

2）用85℃热水敞泡茉香绿茶。

3）蒸汽加热至55～65℃，温度不宜太高或太低，以有热感不烫手为佳。

4）出品的圆顶需要饱满。

出品标准　先吃茉莉轻云顶再喝液体部分，饮品以温热不烫口为佳。

调饮师职业培训教程

台式奶茶——如虎添翼奶茶

出品规格

冰饮，500 毫升

产品配方

90℃热水	900 毫升	熟野麦	50 克	奶油	30 毫升
虎啸岩肉桂茶	40 克	红豆	50 克	果糖	20 毫升
冰块	550 克	牛奶	80 毫升		

产品制作流程

1）量杯中加入 90℃热水 900 毫升，加入虎啸岩肉桂茶 40 克闷泡 12 分钟，泡至 6 分钟时搅拌 3 圈，泡好后过滤至加了 450 克冰块的另一个量杯中搅拌均匀。

2）出品杯中加入熟野麦 50 克、红豆 50 克、冰块 100 克，备用。

3）另取量杯加入做法 1 的茶汤 150 毫升、牛奶 80 毫升、奶油 30 毫升、果糖 20 毫升搅拌均匀。

4）倒入出品杯中，摆盘出品。

1a　　　1b　　　2a

2b　　　2c　　　3a

3b　　　3c　　　3d

3e　　　4a　　　4b

制作关键　1）用90℃的热水闷泡虎啸岩肉桂茶，泡制时间为12分钟，中间搅拌一次。

　　　　　2）茶汤、牛奶、奶油和果糖要充分搅拌均匀。

　　　　　3）野麦一定要煮熟，用量不宜超过杯量的1/5。

出品标准　1）选用透明出品杯，可以看到杯底的材料。

　　　　　2）口感厚实，滋味丰富。

糯 Q 乳茶——茉莉蜜桃糯 Q 乳茶

出品规格

冰饮，500 毫升

产品配方

3 克桃香乌龙茶小泡袋	4 包	牛奶	300 毫升	奶油	15 毫升
90℃热水	1100 毫升	直饮水	200 毫升	果糖	15 毫升
茉香绿茶	30 克	冰糖糖浆	25 毫升		
冰块	650 克	寒天晶球	30 克		
糯香麻薯粉	100 克	生椰乳	80 毫升		

产品制作流程

1）3 克桃香乌龙茶小泡袋 4 包用 90℃热水 1100 毫升敞泡 4 分钟，再加 30 克茉香绿茶敞泡 6 分钟后，过滤到盛有 550 克冰块的另一个量杯中备用。

2）在份数盆中加入糯香麻薯粉 100 克、牛奶 300 毫升、直饮水 200 毫升、冰糖糖浆 25 毫升搅拌均匀，隔水加热，边加热边搅拌至黏稠顺滑

状，隔水降温，即成糯香麻薯。

3）出品杯中加入做法 2 的糯香麻薯 60 克、寒天晶球 30 克备用。

4）在雪克壶中加入做法 1 的茶汤 150 毫升、生椰乳 80 毫升、奶油 15 毫升、果糖 15 毫升、冰块 100 克摇匀。

5）倒入出品杯中，摆盘出品。

制作关键 1）此款饮品为混合茶汤的加料奶茶，选用桃香乌龙茶小泡袋，冲泡更方便，水果味更明显。

2）在制作糯香麻薯的过程中需要隔水加热，且需要不断搅拌以防煳锅，造成口感不佳。

3）一定要雪克均匀，雪克壶上下翻动为一下，根据饮品制作者力度调整雪克次数。

出品标准 满杯出品，奶香明显，口感甜醇冰爽。

奶沫乳酪茶——花果四季乳酪

出品规格

冰饮，500 毫升

产品配方和工具

90℃热水	1000 毫升	果糖	15 毫升	奶昔机	1 台
花果四季春乌龙茶	50 克	黄油牛乳	90 毫升		
冰块	650 克	水蜜桃糖浆	10 毫升		

产品制作流程

1）在 2 升量杯中加入 90℃热水 1000 毫升，加入花香四季春乌龙茶 50 克，搅拌 3 圈，加盖闷 6 分钟后，搅拌 3 圈继续加盖闷 6 分钟，再过滤至盛有 500 克冰块的另一个量杯中搅拌均匀。

2）在奶昔杯中加入果糖 15 毫升、做法 1 的茶汤 100 毫升、黄油牛乳 90 毫升、水蜜桃糖浆 10 毫升、冰块 150 克，用奶昔机搅打均匀。

3）倒入出品杯，静置 1 分钟后从杯中心注入做法 1 的茶汤 100 毫升，注意泡沫要高出杯口，摆盘出品。

1a

1b

2a

2b

2c

2d

2e

2f

3a

3b

3c

制作关键　1）此款饮品为浮沫鲜奶茶。注意需要缓慢注入茶汤至出品杯。

　　　　　　2）选用黄油牛乳制作奶昔，能增加产品的醇厚度。

出品标准　1）奶沫需高于杯口，呈现明显堆感。

　　　　　　2）口感绵密醇厚，花果香明显。

4.5 滋补养生类饮品制作

滋补养生类饮品制作流程如下。

1）选择具有养生功效的食材，如红枣、枸杞子、桂圆等。

2）清洗并浸泡食材，浸出营养成分。

3）大火煮沸后转小火慢炖，直至食材软烂。

4）根据需求添加糖或其他调味品。

5）装杯，可添加药材碎片或吸管。

技能训练 21

生姜红枣茶——暖心姜枣茶

出品规格

热饮，600 毫升

产品配方

90℃热水	450 毫升	红枣茶酱	20 克
桂花乌龙茶包	3 个	寒天晶球	60 克
冰块	250 克	椰子水	80 毫升
黄柠檬	5 片	冰糖糖浆	10 毫升
生姜茶酱	20 克	新鲜姜片	4 片

产品制作流程

1）量杯中加入 90℃热水 450 毫升、桂花乌龙茶包 3 个，冲泡后搅拌 3 圈，闷泡 6 分钟。

2）取另一个量杯放入冰块 250 克，将冲泡好的茶汤倒入，搅拌至冰块完全融化。

3）出品杯中加入黄柠檬 4 片（微捣汁）、生姜茶酱 20 克、红枣茶酱 20 克、寒天晶球 60 克。

4）拉花缸加入做法 2 的茶汤 150 毫升、椰子水 80 毫升、冰糖糖浆 10 毫升，蒸汽加热至 70℃。

5）加热后倒入出品杯，补热水至 9.5 分满，用新鲜姜片、黄柠檬片装饰出品。

1

2

3a

3b

3c

3d

4a

4b

4c

4d

5a

5b

5c

制作关键　1）此款饮品为滋补养生类饮品的代表。

　　　　　　2）为提高出品速度，选择生姜茶酱和红枣茶酱，家庭自制可选用新鲜食材。

出品标准　1）产品用料要足，实实在在看得见。

　　　　　　2）以饮品温热不烫口为佳。

技能训练 22 ──────────────────────────

柚子茶——青柠冰柚

出品规格

冰饮，500 毫升

产品配方

柚子酱	50 克	青柠	1 个	冰块	适量
百香果糖浆	15 毫升	直饮水	250 毫升		

产品制作流程

1）青柠对半切开，其中一半切片。出品杯中依次加入柚子酱 50 克、百香果糖浆 15 毫升、青柠 3 片、直饮水 250 毫升搅拌均匀。

2）出品杯加入冰块至 9.5 分满，用半个青柠装饰摆盘出品。

1a

1b

1c

1d

1e

2a

2b

制作关键　1）此款可做热饮。

　　　　　　2）日常家庭自制可增加柚子酱用量。

出品标准　出品需用柠檬等水果做装饰，口感甜润冰爽。

姜乳饮——一统姜山

出品规格

热饮，360 毫升

产品配方

生椰乳	150 毫升	植脂奶	10 毫升	寒天晶球	80 克
直饮水	50 毫升	冬瓜老姜汁	20 克		

产品制作流程

1）拉花缸中加入生椰乳 150 毫升、直饮水 50 毫升、植脂奶 10 毫升、冬瓜老姜汁 20 克，蒸汽加热至 65℃。

2）出品杯中加入寒天晶球 80 克，将做法 1 的姜奶汁倒入出品杯。

3）微搅拌，摆盘出品。

1a

1b

1c

2a

2b

3

制作关键　蒸汽加热至 65℃ 左右最佳，温度适中。

出品标准　口感略辛辣，以不烫口为佳。

调饮师职业培训教程

银耳羹——桂花生椰银耳羹

出品规格

热饮，360 毫升

产品配方

冻干银耳	2 包	直饮水	100 毫升	干桂花	适量
开水	400 毫升	奶油植脂末	15 毫升		
生椰乳	100 毫升	桂花糖浆	10 毫升		

产品制作流程

1）量杯中加入 2 包冻干银耳，用开水 400 毫升闷泡 3 分钟。

2）闷泡好的银耳倒入出品杯中备用。

3）在拉花缸中加入生椰乳 100 毫升、直饮水 100 毫升、奶油植脂末 15 毫升、桂花糖浆 10 毫升，蒸汽加热至 65℃。

4）倒入出品杯，撒干桂花装饰，摆盘出品。

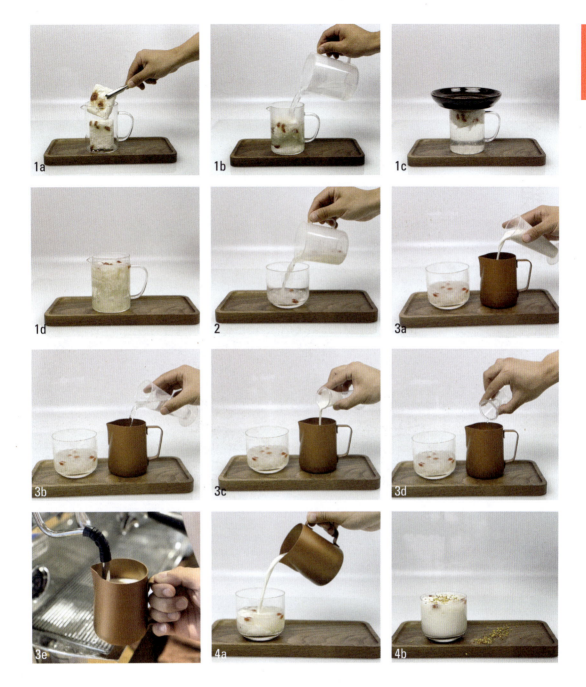

1a 1b 1c 1d 2 3a 3b 3c 3d 3e 4a 4b

制作关键 冻干银耳需要闷泡，保持温度恒定。银耳吸热水会膨胀，产生胶质。

出品标准 口感甜润略黏稠，饮品温热不烫口。

养生茶——银耳吊梨汤

出品规格

热饮，360 毫升

产品配方

安德鲁菊花雪梨酱	30 克	枸杞子	少许
冻干银耳	1 包	开水	250 毫升

产品制作流程

1）出品杯中加入安德鲁菊花雪梨酱 30 克、冻干 银耳 1 包、枸杞子少许、开水 250 毫升搅拌。

2）5 分钟后摆盘出品，提醒顾客 3 分钟后饮用。

制作关键　1）泡制时，等待5分钟至银耳充分泡发，温度略微下降再出品。

　　　　　　2）家庭自制可选用新鲜食材代替菊花雪梨酱。

出品标准　饮品温热，出品杯七分满为宜。

4.6　茶酒类饮品制作

茶酒类饮品制作流程如下。

1）确保酒品的正规和安全。

2）可以是纯酒或调制酒，常用的酒有鸡尾酒、威士忌。

3）使用量杯准确量取一定量的酒。

4）适当加入茶饮原料或其他辅料。

5）调整温度和甜度，满足不同顾客需求。

6）装杯时，可添加奶油、巧克力碎片等装饰。

7）具体酒精浓度可根据门店定位和用户需求来确定，一般茶饮店含酒精饮品的酒精含量不超过3%。

自然橙醉

出品规格

冰饮，500 毫升

产品配方和工具

85℃热水	1800 毫升	冰糖糖浆	30 毫升	薄荷叶	适量
新鲜橙片	4 片	茉香绿茶	60 克	橙子果肉	适量
安德鲁橙酱	25 毫升	寒天晶球	30 克	苏打气瓶	1 个
莫林啤酒糖浆	10 毫升	冰块	适量	苏打气弹	1 个

产品制作流程

1）量杯中加入 85℃热水 1300 毫升，加入茉香绿茶 35 克敞泡 4 分钟后，再加入茉香绿茶 25 克，搅拌 3 圈，敞泡 2 分钟。

2）时间到后，过滤至加了 650 克冰块的另一个量杯中，搅拌茶汤，直至冰块完全融化。

3）85℃热水 500 毫升、冰块 800 克倒入量杯中，用吧勺搅拌 15 圈至均匀，倒入苏打气瓶中至 950 毫升刻度线，打入 1 个苏打气弹，等待

1 分钟即可，冷藏密封可保存 48 小时。

4）雪克壶中加入新鲜橙片 4 片（捣汁）、安德鲁橙酱 25 毫升、莫林啤酒糖浆 10 毫升、冰糖糖浆 30 毫升、做法 2 的茶汤 50 毫升，加入冰块至满杯后摇匀，倒入出品杯。

5）出品杯中加入寒天晶球 30 克，倒入做法 3 中制作好的气泡水至 9.5 分满，用橙子果肉、薄荷叶装饰即可。

制作关键 1）气泡水要匀速慢慢倒入出品杯中，如果倒入太快，将不会呈现分层效果，不够美观。

2）茶酒类饮品基本采用冰饮法。

出品标准 1）气泡感充足，口感冰爽有层次。

2）出品时提醒顾客饮品酒精含量。

调饮师职业培训教程

百香朗姆

出品规格

冰饮，500 毫升

产品配方和工具

90℃热水	1500 毫升	白朗姆酒	15 毫升	百香果	1 个
花香四季春乌龙茶	50 克	冰糖糖浆	35 毫升	迷迭香	适量
冰块	适量	寒天晶球	30 克	苏打气瓶	1 个
安德鲁百香酱	15 毫升	青柠	2 个	苏打气弹	1 个

产品制作流程

1）在 2 升量杯中加入 90℃热水 1000 毫升，加花香四季春乌龙茶 50 克搅拌 3 圈，加盖闷 6 分钟后，搅拌 3 圈，继续加盖闷 6 分钟，再过滤至盛有 500 克冰块的另一个量杯中搅拌均匀。

2）另取 2 升量杯加入冰块 800 克，倒入热水 500 毫升，用吧勺搅拌 15 圈至均匀，倒入苏打气瓶至 950 毫升刻度线，打入 1 个苏打气弹，等待 1 分钟。

3）雪克壶中加入安德鲁百香酱 15 毫升、白朗姆酒 15 毫升、冰糖糖浆 35 毫升、做法 1 的茶汤 60 毫升，挤入 1 个青柠的汁，另 1 个青柠切开取半片放入，再倒入冰块至满杯，摇匀。

4）出品杯中加入寒天晶球 30 克，倒入雪克壶中的混合饮品、做法 2 的气泡水至 9.5 分满，用百香果、青柠片、迷迭香装饰即可。

制作关键　1）白朗姆酒的用量为15毫升，不宜过多。
　　　　　　　2）为不影响产品美观度，气泡水要匀速缓慢倒入出品杯中。

出品标准　口感融合且冰爽。

樱花草莓莫吉托

出品规格

冰饮，500 毫升

产品配方和工具

莫林草莓果泥	20 毫升	茉香绿茶	60 克	薄荷叶	少许
莫林樱花糖浆	15 毫升	85℃热水	1800 毫升	草莓	1 个
金酒	10 毫升	青柠	1 个	苏打气瓶	1 个
果糖	25 毫升	冰块	适量	苏打气弹	1 个

产品制作流程

1）量杯中加入 85℃热水 1300 毫升，加入茉香绿茶 35 克，敞泡 4 分钟后加入茉香绿茶 25 克，搅拌 3 圈，敞泡 2 分钟。

2）泡好后过滤至加了 650 克冰块的另一个量杯中，搅拌至冰块完全融化。

3）另取 2 升量杯加入冰块 800 克、热水 500 毫升，用吧勺搅拌 15 圈至均匀，倒入苏打气瓶至 950 毫升刻度线。

4）打入 1 个苏打气弹，等待 1 分钟即可，冷藏密封可保存 48 小时。

5）雪克壶中依次加入冰块至八分满，再加入莫林草莓果泥 20 毫升、莫林樱花糖浆 15 毫升、做法 2 的茶汤 50 毫升、金酒 10 毫升、果糖 25 毫升、青柠 3 块，摇匀后倒入出品杯中。

6）做法 4 的气泡水注入出品杯至九分满，用草莓和薄荷叶装饰出品。

制作关键　1）敞泡茉香绿茶，茶叶分两次加入，既能增强口感，又能保持香气。

　　　　　　2）气泡水要匀速慢慢倒入出品杯中，呈现渐进色效果。

出品标准　口感冰爽，出品时提醒顾客饮品酒精含量。

梅莓酒酿鲜果茶

出品规格

冰饮，700 毫升

产品配方

90℃ 热水	1000 毫升	酒酿	35 克	安德鲁草莓杨梅酱	30 克
花香四季春乌龙茶	50 克	寒天晶球	30 克	冰糖	5 克
草莓	5 个	冰块	650 克		
青金橘	半个	直饮水	100 毫升		

产品制作流程

1）在 2 升量杯中加入 90℃ 热水 1000 毫升，加花香四季春乌龙茶 50 克搅拌 3 圈，加盖闷 6 分钟后，搅拌 3 圈，继续加盖闷 6 分钟，过滤至盛有 500 克冰块的量杯中搅拌均匀。

2）出品杯中加入草莓 2 个（捣碎），再加入酒酿 35 克、寒天晶球 30 克、冰块 150 克。

3）量杯中加入安德鲁草莓杨梅酱 30 克、冰糖 5 克、做法 1 的茶汤 100 毫升、直饮水 100 毫升，搅拌均匀后倒入出品杯。

4）用剩余的新鲜草莓（切半）、青金橘装饰出品。

制作关键　1）此款饮品为加料鲜果茶，需选择新鲜果品。

2）食材需按顺序依次加入。

3）注意果品的分散装饰，保证美观。

出品标准　口感冰爽，层次丰富。

橙香咖啡

调饮师职业培训教程

出品规格

热饮，360 毫升

产品配方和工具

莫林橙香糖浆	5 毫升	牛奶	180 毫升	橙子片	1 片
君度力娇酒	5 毫升	安佳淡奶油	350 克	奶油枪	1 把
咖啡豆	18 克	莫林法式香草糖浆	30 毫升	奶油气弹	1 个

产品制作流程

1）出品杯加入莫林橙香糖浆 5 毫升、君度力娇酒 5 毫升备用。

2）咖啡机中加入咖啡豆 18 克，萃取意式浓缩咖啡液 60 毫升，倒入出品杯，搅匀。

3）拉花缸中加入牛奶 180 毫升，蒸汽加热。

4）将加热好的牛奶倒入出品杯中融合。

5）奶油枪中加入安佳淡奶油 350 克、莫林法式香草糖浆 30 毫升，打入 1 个奶油气弹摇至所需状态。

6）在出品杯的饮品上放上橙子片，打上做法 4 制作的奶油雪顶即可。

制作关键　1）按1:2的粉水比常温萃取意式咖啡浓缩液。
　　　　　　　2）选择杯口大小的橙子片。

出品标准　1）用橙子片达成分层效果。
　　　　　　　2）饮品温热不烫口。

复习思考题

1. 哪类饮品不适合使用吸管？

2. 雪克壶的主要功能是什么？

3. 绿茶、红茶的茶基底制作适合用多少度的水？

4. 制好的气泡水为何要匀速慢慢倒入出品杯中？

5. 养生热饮在多长时间内饮用完毕最佳？

6. 奶油枪使用时要加入什么？

7. 水的毫升数是否与水的克重一致？

8. 雪克壶适合做热饮还是冰饮，为什么？

9. 苏打气泡水需冷藏密封保存，应在多长时间内饮用？

10. 用温度计测量液体的温度时，应将温度计放于液体容器的什么位置？为什么？

项目 5

设备及器具

- 设备及器具
  - 设备及器具维护与保养
    - 设备及器具常规维护
    - 常用设备及器具保养方法
    - 维护保养记录编制方法
  - 设备及器具操作的安全知识
    - 设备及器具操作规范
    - 设备及器具安全操作注意事项

5.1 设备及器具维护与保养

5.1.1 设备及器具常规维护

设备及器具的维护主要包括以下几个方面。

1. 清洁

（1）**日常清洁** 每次使用后，应立即清洗使用过的器具。例如，冲泡茶的茶壶和茶杯，使用温水冲洗，去除残留的茶渍；咖啡器具如咖啡机的滤网、蒸汽棒等，在使用后先用湿布擦拭，再用清水冲洗干净。

搅拌工具如搅拌棒、雪克壶等，要拆卸清洗，确保没有残留的饮品。

（2）**深度清洁** 定期（如每周或每两周一次）对设备和器具进行深度清洁。如咖啡机内部的管道系统，可能会积累咖啡渣和矿物质，需要使用专门的咖啡机清洁液进行清洗。制冰机要定期清理冰槽和排水系统，防止细菌滋生使冰块产生异味。可以用专门的制冰机清洁剂，按照说明书的要求进行清洁。

2. 消毒

（1）**物理消毒** 高温消毒是常见的物理消毒方法，例如，玻璃器具、不锈钢器具等可以放入消毒柜，通过高温蒸汽进行消毒。消毒时间和温度要根据器具的材质和消毒柜的要求来设置。紫外线消毒也可用于一些小型器具，如吸管、搅拌棒等，将这些器具放入紫外线消毒箱，开启消毒功能一定时间，可有效杀灭细菌。

（2）**化学消毒** 可以使用食品级消毒剂对设备和器具进行消毒，例如，用含氯消毒剂溶液浸泡器具，浸泡时间和浓度要严格按照消毒剂的使用说明来操作，之后用清水冲洗干净，确保没有消毒剂残留。

3. 校准

（1）**温度校准** 对于有温度控制功能的设备，如咖啡机、热水器等，要定期进行温度校准。可以使用温度计来检测设备实际输出的温度与设定温度是否一致，如果存在偏差，按照说明书的要求进行调整。

例如，咖啡机的水温对于咖啡的萃取质量至关重要，如果水温过高或过低，会影响咖啡的口感，所以要确保水温准确。

（2）**容量校准**　一些量具如量杯、量筒等，需要定期校准其容量的准确性。可以通过将标准体积的液体倒入量具，观察是否准确来进行校准。如果存在误差，应更换。

4．维护

（1）**润滑**　部分设备的机械部件如咖啡机的泵、搅拌机的电机轴等，需要定期润滑。使用食品级润滑油，按照说明书的要求，在规定的部位进行涂抹或滴注，以减少部件之间的摩擦，延长设备使用寿命。一般来说，几个月就要进行一次润滑维护，具体频率要看设备的使用情况。

（2）**更换易损件**　像咖啡机的滤网、密封垫圈，制冰机的蒸发器等易损件，要定期检查并及时更换。当发现这些部件出现磨损、老化或损坏的迹象时，应立即更换，以免影响设备的正常运行和饮品的质量。

5.1.2　常用设备及器具保养方法

1．冲煮设备

（1）**茶器具**　茶壶、萃茶机、榨汁机、搅拌机等设备使用后要用热水冲洗，去除残留的茶叶和茶渍。对于顽固的茶渍，可以使用专门的茶垢清洁剂定期清洁和消毒，按照说明书的要求浸泡一段时间后再清洗，以确保饮品的卫生安全。

避免碰撞茶壶，防止破损。若是陶瓷茶壶，不要骤冷骤热，以免出现裂缝。金属茶壶如不锈钢茶壶，要注意保持干燥，防止生锈。

设备在使用前，应检查设备是否干净，如有残留的原料或污垢，应及时清理。营业结束后应将洗净的过滤布置于盛有清水的有盖容器中并冷藏保存。

（2）**咖啡机**　每次制作完咖啡后，清空咖啡渣盒和废水盘，并及时冲洗。用干净的湿布擦拭机器外部，保持整洁，对于意式咖啡机的冲泡头，要定期进行反冲洗，以确保冲泡头的通畅。

定期（如每周一次）使用专门的咖啡机清洁片，按照咖啡机的清洁程序对内部冲泡系统进行清洁，去除咖啡油脂和矿物质沉淀。

根据咖啡机的使用频率，每隔3~6个月请专业人员对咖啡机进行全面检查和深度保养，包括检查压力系统、研磨系统等是否正常。

2．调制设备

（1）**雪克壶**　雪克壶使用后立即用清水冲洗，去除残留的饮料。如果有难以清洗的污渍，可以加入适量的洗洁精，用温水浸泡后再冲洗干净。避免过度摇晃导致隔冰器损坏，如有损坏应及时更换，以确保摇晃时不会漏水。

（2）**搅拌棒**　搅拌棒使用后应尽快用清水冲洗，特别是在搅拌含有糖或奶泡的饮品后，应及时清洗防止干结。如果是电动搅拌棒，注意不要让电机部分沾水，以免损坏。

电动搅拌棒要按照说明书的要求定期检查电池或充电情况。存放时，要将搅拌棒放在干燥的地方，避免受潮。

3. 制冷 / 热设备

（1）**制冰机**　定期（如每周）清理制冰机内部的冰槽和滤网，去除水垢、灰尘和残留的冰块。可以使用专门的制冰机清洁剂，按照说明书的要求进行清洁，外部机身用湿布擦拭，保持干净整洁。

根据说明书的要求，适时更换制冰机的滤网和水过滤器，以保证制冰质量。每周检查制冰机的供水系统是否正常，确保进水口和水管没有堵塞，检查冷凝器，清理灰尘，保证散热良好，以提高制冰效率。

（2）**加热设备**　加热设备（如热水壶、加热炉）使用后，待冷却再用湿布擦拭干净。如果加热设备内部有水垢，可以用白醋或专门的水垢清洁剂进行清洁。

电热水壶等设备要注意检查插头和电线是否完好，避免漏电。加热炉的加热板要保持平整，避免变形影响加热效果。同时，按照说明书的要求定期检查和校准温度控制装置。

5.1.3　维护保养记录编制方法

1. 确定记录内容

（1）**设备信息**　记录所维护保养的设备名称、型号、编号等基本信息。例如，"意式咖啡机XYZ型，编号001"。注明设备的购买日期、安装日期等，以便了解设备的使用年限和维护历史。

（2）**维护保养时间**　准确记录每次维护保养的日期和时间，包括开始时间和结束时间。例如，"2024年10月31日10∶00~11∶00"。

（3）**维护保养项目**　详细列出本次维护保养所进行的具体项目。调饮常用设备，包括以下几项。

咖啡机：清洗冲煮头、清理咖啡渣盒、检查蒸汽棒、校准磨豆机等。

果汁机：清洗搅拌杯、检查刀片锋利度、清理滤网等。

茶冲泡设备：清洗茶壶、更换滤芯、检查水温控制器等。

（4）**维护保养人员**　记录进行维护保养人员的姓名或工号，以便在出现问题时能够追溯责任人。

（5）**设备状态**　在维护保养前后，分别记录设备的运行状态，例如，"维护前：冲煮头有堵塞现象，蒸汽棒压力不足；维护后：冲煮头通畅，蒸汽棒压力正常"。

（6）**耗材使用情况**　如果在维护保养过程中更换了耗材，如滤纸、咖啡粉碗、密封圈等，要记录耗材的名称、型号和数量。

2. 选择记录方式

（1）**纸质记录表**　设计专门的维护保养记录表，打印出来后由维护保养人员手动填写。这种方式简单直观，但不利于数据的存储和分析。

可以将纸质记录表存放在设备附近的文件夹中，方便随时查阅。同时，定期将记录内容录入电子文档进行备份。

（2）**电子表格**　使用 Excel 等电子表格软件创建维护保养记录表格。可以设置不同的字段，方便输入和查询数据。

电子表格可以进行数据排序、筛选和统计分析，有助于及时发现设备的故障趋势和维护需求。

（3）**设备管理软件**　一些专业的设备管理软件可以实现维护保养记录的自动化管理。通过扫描设备二维码或输入设备编号，即可快速记录维护保养信息。

这类软件还可以设置提醒功能，提醒调饮师按时进行设备维护保养，提高设备的可靠性和使用寿命。

3. 记录填写规范

（1）**字迹清晰**　纸质记录表填写时要保证字迹清晰、易于辨认。避免使用潦草的字体或缩写，以免造成误解。

（2）**准确无误**　认真填写每一项内容，确保信息的准确性。在记录设备状态和维护保养项目时，要客观、真实地反映实际情况。

（3）**及时记录**　在完成维护保养工作后，应立即填写维护保养记录。避免拖延，以免忘记重要的细节。

（4）**签名确认**　维护保养人员在填写完记录后，要在记录表上签名确认，以表明对记录内容的负责。

4. 记录保存与管理

（1）**定期备份**　无论是纸质记录还是电子记录，都要定期进行备份，以防数据丢失。电子记录可以将备份文件存储在外部硬盘、云存储等地方。

（2）**分类整理**　对维护保养记录进行分类整理，便于查询和管理。可以按照设备类型、维护保养时间等进行分类。

（3）**保密管理**　对于涉及设备技术参数和商业机密的维护保养记录，要进行保密管理。限制访问权限，防止信息泄露。

（4）**数据分析**　定期对维护保养记录进行数据分析，总结设备的故障规律和维护需求。根据分析结果，制订合理的维护保养计划，提高设备的运行效率和稳定性。

5.2　设备及器具操作的安全知识

5.2.1　设备及器具操作规范

调饮师应熟练掌握各种仪器设备的操作方法，操作时保持手部清洁，佩戴口罩和手套等防护用品。

在制作饮品过程中，应避免交叉污染，使用不同的工具和容器处理不同的原料。饮品制作完成后，应尽快饮用或冷藏保存，避免长时间放置在室温下，以免滋生细菌。

5.2.2　设备及器具安全操作注意事项

1．电器设备

（1）咖啡机

1）防触电。咖啡机是带电设备，在操作前要确保插头、插座完好无损，没有破损或漏电的情况。如果咖啡机外壳有损坏，应停止使用并维修。

2）防止烫伤。在制作咖啡过程中，咖啡机的蒸汽喷头和热水出口温度很高。使用时要注意避免皮肤直接接触，在清洁时也需要等设备冷却后再进行。

3）正确操作。按照咖啡机的说明书正确操作，例如，控制萃取压力和水温，避免因压力过高导致机器损坏甚至爆炸。

（2）榨汁机

1）防止刀片伤害。榨汁机的刀片很锋利，在安装、拆卸和清洗时一定要先切断电源，并且戴上防护手套，防止刀片割伤手指。

2）稳定放置。榨汁机工作时会产生振动，要将其放置在平稳的台面上，避免倾倒。同时，不能空载运行榨汁机，以免损坏电机。

3）用电安全。注意榨汁机的功率，使用符合要求的插座，避免因过载引发火灾。

2. 加热设备

（1）热水器

1）防烫伤。热水器用于提供热水，其水温通常较高。在取水时，要小心热水溅出烫伤皮肤，使用有防烫设计的水龙头或容器。

2）防止干烧。要确保热水器中有足够的水，避免干烧引发设备损坏甚至火灾。定期检查水位和加热元件的状态。

3）正确连接。在安装或移动热水器时，确保其连接的水管和电线正确无误，防止漏水或漏电。

（2）加热炉（用于煮茶、煮糖浆等）

1）防烫伤。加热炉表面温度很高，在操作过程中，避免触摸炉面。使用长柄的厨具来搅拌煮物，手部避免靠近热源。

2）火灾风险。在加热炉周围不能放置易燃物品，如纸张、抹布等。注意控制火候和加热时间，防止煮物溢出引发火灾。

3）安全关闭。使用完加热炉后，要确保将其完全关闭，拔掉插头或关闭燃气阀门。

3. 制冷设备

（1）制冰机

1）防止触电。制冰机有电机和电路系统，在清洁或维修时要先切断电源。检查电源线是否有破损，避免触电。

2）机械伤害。制冰机内部有机械部件，在清理堵塞的冰块或进行维护时，要小心不要被转动的部件夹伤。

3）按照制冰机的说明书正确操作，如设置合适的制冰模式和时间，避免因过度使用导致机器故障。

（2）冰箱

1）禁放重物。不要在冰箱顶部放置过重的物品，以免冰箱倾倒。同时，在冰箱内部合理放置饮品和原料，避免堵塞出风口，影响制冷效果。

2）防触电。冰箱是电器设备，要确保插头、插座安全可靠。如果冰箱出现漏电现象，应立即停止使用并维修。

3）防止冻伤。在清理冰箱的冷冻室时，要注意避免皮肤长时间接触极低温度的冷冻物品，防止冻伤。

复习思考题

1. 调饮门店的常用设备有哪几类?

2. 调饮门店设备及器具维护保养记录方式有哪几种?

3. 设备及器具应多久进行一次深度清洁?

4. 设备及器具的消毒方式有几种?

项目 6

饮品评测

▼ ▼ ▼

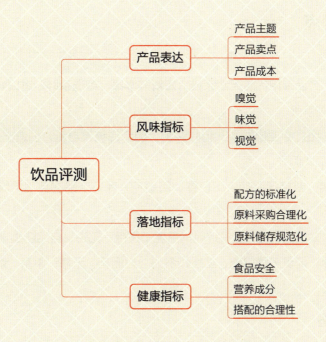

从产品应用的角度评测一款饮品，应该从多维度进行评测。

6.1　产品表达

6.1.1　产品主题

主题是产品的核心风味，是产品策划的来源及思维结构。一款好的产品从茶基底、鲜果、辅料、颜色、香气、功效等方面，都能够体现这杯饮品的主题。

6.1.2　产品卖点

1. 产品的特点

1）原料精选：产品采用优质天然原料，如新鲜水果、精选茶叶、进口奶源等，确保每一口都是纯净与健康的享受。

2）独特配方：经过专业研发团队精心调配，融合传统与创新，创造出独特的风味体验，满足不同消费者的口味偏好。

3）无添加承诺：坚持不添加人工色素、防腐剂，保持饮品的自然原味，让消费者喝得放心。

4）包装设计：采用环保材料，设计时尚且便于携带，无论是自用还是送礼都彰显品位。

5）多样化选择：提供多种口味、规格和系列，如低糖、无糖、果茶、奶茶、咖啡等，满足不同场景和需求。

2. 产品的优势

1）品质保证：严格的原料筛选流程和质量控制体系，确保每一杯饮品都达到高标准。

2）健康理念：倡导健康生活方式，通过低糖、低脂、高纤维等健康元素，满足现代人对健康饮食的追求。

3）创新引领：不断研发新品，推出季节限定，紧跟市场潮流，保持品牌活力，吸引年轻消费群体。

4）便捷体验：线上线下多渠道销售，快速配送服务，让消费者随时随地享受美味。

5）环保责任：采用可持续包装材料，减少环境负担，提升品牌形象，吸引注重环保的消费者。

3. 产品的作用

1）味蕾享受：独特的口感和风味，为消费者带来愉悦的味觉体验，提升生活品质。

2）健康益处：选用健康原料，有助于维持身体健康，如促进消化、提神醒脑、美容养颜等。

3）社交媒介：精美的包装和多样化的选择，成为社交分享的佳品，增强个人魅力，拉近人与人之间的距离。

4）便捷生活：快速便捷的购买和饮用方式，适应快节奏的现代生活，节省时间成本。

5）情感共鸣：通过品牌故事、文化传递，与消费者建立情感连接，增强品牌忠诚度，满足消费者的情感需求。

饮品卖点就是利益点，站在消费者的角度给出解决方案，结合场景和感官体验，能带给消费者心理的满足。产品卖点的提炼在于强调消费者带来的实际价值，总之产品卖点的提炼要精准、独特且合规，切实吸引消费者。

6.1.3　产品成本

产品成本合理性需要考虑综合原材料成本及合理的毛利和利润率。通过有效的成本控制和合理的定价策略，在保证产品质量的同时，也应有合理的利润。

6.2　风味指标

6.2.1　嗅觉

通过嗅觉，人们可以初步判断饮品的香气是否浓郁、纯正，香气的强度、持久性、香型，以及是否具有特定的风味特征，比如，茶香、水果香、花香、草本香、香气平衡感等。这些特定的风味特征能够增加饮品的独特性和辨识度，使其在众多产品中脱颖而出。

6.2.2 味觉

通过味觉，人们可以感受到饮品的口感、甜度、酸度、苦度、咸度、鲜感等，从而判断其是否满足口味需求。通常所说的味觉协调性包括酸甜平衡性、茶奶协调性等，味觉的适中与否，将直接影响饮品的整体风味。

6.2.3 视觉

通过视觉，人们可以直观地看到饮品的颜色、清澈度、透明度、混浊度等感官指标，从而初步判断其品质。通过整体配色和视觉感观，体验颜色质感、层次感和协调感、冲击力和美感。简单来说，好看的饮品能够给人留下良好的印象，增加其品质感。

6.3 落地指标

6.3.1 配方的标准化

配方标准化是饮品研发的重要基础，它确保了饮品口味的稳定性和一致性。

1. 标准化配方制订

产品开发前先深入研究市场需求和消费者偏好，结合饮品的特点和定位，制定标准化的配方。

2. 配方优化与调整

配方应明确每种原料的用量、比例和制作工艺，确保每次制作都能达到相同的口感和品质，而后根据市场反馈和消费者评价，定期对配方进行优化和调整；通过试验和测试，不断改进配方的口感、营养和品质，以满足消费者的需求。

3. 标准化配方执行

在生产过程中，严格按照标准化配方进行操作，确保每个环节都符合规定。对生产人员进行培训和考核，提高他们的标准化意识和操作技能。

6.3.2　原料采购合理化

原料采购合理化是饮品研发的关键环节，它直接影响饮品的品质和成本。

1．需求分析

根据生产计划和市场需求，对原料进行详细的需求分析。确定所需原料的种类、数量和质量要求，为采购提供准确的指导。

2．供应商评估与选择

对潜在的供应商进行评估和选择，确保他们具备稳定的供应能力、良好的信誉和优质的产品，与供应商建立长期稳定的合作关系，确保原料的稳定供应和品质保障。

3．成本控制

通过与供应商协商、谈判和批量采购等方式，降低采购成本，提高经济效益。在满足品质要求的前提下，合理控制原料的采购成本。

6.3.3　原料储存规范化

原料储存规范化是确保饮品品质稳定的重要环节，它涉及原料的保存、管理和使用等方面。

6.4　健康指标

6.4.1　食品安全

食品安全大于天，对于饮品来说，食品安全是最关键的考虑因素，尤其是奶茶中因含有乳制品和高糖分，是细菌如大肠杆菌和沙门菌非常理想的培养基，因此需要注意产品的最佳饮用时间。

6.4.2　营养成分

饮品中的乳制品成分提供了一定的蛋白质和钙，随着时间推移，这些营养成分的质量会有所下降。所有现制饮品都有时效性，为了保持口感和健康，饮品应在2小时内饮用完毕。

6.4.3 搭配的合理性

原材料的合理使用和搭配能有效增加味觉与嗅觉内质。调饮师在追求饮品口感、香气与风味的平衡时，要谨慎选择辅料，确保主题风味不被掩盖。

复习思考题

1. 如何有效呈现一款产品的主题？
2. 产品的卖点可以从哪几个方面着手？
3. 什么样的饮品能够给人留下良好的第一印象，增加其品质感？
4. 饮品的风味指标应从哪几个方面来判断？

模 拟 题

一、单项选择题

1. 仪态指（　　　）。

    A．人在行为中的姿势和风度   B．人的外貌

    C．人的教育程度   D．人的仪容仪表

2. 职业道德的含义应包括（　　　）。

    A．职业观念、职业良心和个人信念   B．职业观念、职业修养和理论水平

    C．职业观念、文化修养和职业良心   D．职业观念、职业良心和职业自豪感

3. 要形成责任意识，首先要（　　　）。

    A．有工作意识   B．加大工作强度

    C．提高工作效率   D．具有强烈的工作责任感

4. 属于职业素养自我培养途径的是（　　　）。

    A．知识积累   B．勤于实践

    C．超越自我   D．以上都是

5. 关于向顾客推销产品时的态度，下列说法不正确的是（　　　）。

    A．温柔   B．诚恳   C．随和   D．强硬

6. 服务员个人卫生制度所不允许的是（　　　）。

    A．女服务员梳披肩发   B．不留长指甲

    C．不染指甲   D．男服务员没有大鬓角

7. 世界三大（软）饮料指（　　　）。

    A．可可、咖啡、茶   B．可乐、咖啡、茶

    C．可口可乐、百事、雀巢   D．水、酒、茶

8. 调饮茶奉茶时必须在每杯茶边放一个茶匙，用来（　　　）。

    A．观看汤色   B．增加茶汤浓度   C．打捞添加物   D．调匀茶汤

9. 如果顾客想要一杯速溶咖啡而调饮店不经营，恰当的用语是（　　　）。

    A．对不起，我们调饮店不经营速溶咖啡

    B．对不起，我们不经营速溶咖啡，您愿意品尝一下现场制作的咖啡吗

    C．速溶咖啡不好，您品尝下我们店的咖啡怎么样

    D．会喝咖啡的人不喝速溶咖啡，您品尝一下现场制作的咖啡吧

10. 制作饮品应合理选择原料，保持各种营养素的（　　　）和质量的平衡。

    A. 营养　　　　　　B. 分配　　　　　　C. 数量　　　　　　D. 蛋白质

11. 如果顾客所点的饮品是菜单以外的，且无法提供时，服务人员应该说：（　　　）。

    A. 对不起，我们店没有这种饮品，我可以为您推荐另一款XX吗

    B. 对不起，请您点菜单上有的饮品

    C. 我们没有这种饮品

    D. 我们只提供菜单上的饮品

12. 下列选项中，不属于接待服务人员应有态度的是（　　　）

    A. 整洁、干净　　　B. 热情、大方　　　C. 积极、热情　　　D. 微笑、礼貌

13. 服务工作中，接待时（　　　）的语气会给对方留下良好的印象。

    A. 小声温柔　　　　　　　　　　B. 亲切大方

    C. 高亢洪亮　　　　　　　　　　D. 方式、语言都无所谓

14. 下列不能作为食品原料的物质是（　　　）。

    A. 吊白块　　　　　　B. 鸡精　　　　　　C. 白砂糖　　　　　　D. 淀粉

15. 仪表指（　　　）。

    A. 人的外观外貌　　　　　　　　B. 人举止风度的外在体现

    C. 仪容　　　　　　　　　　　　D. 一个人的德才学识

16. 请顾客对茶进行品饮与评价的茶艺属于（　　　）。

    A. 生活型茶艺　　　　　　　　　B. 营业型茶艺

    C. 表演型茶艺　　　　　　　　　D. 养生型茶艺

17. 下列选项中，不属于仪态范畴的是（　　　）。

    A. 面部化妆　　　　　B. 步幅　　　　　　C. 走姿　　　　　　D. 站姿

18. 对调饮师仪容仪表的要求错误的是（　　　）。

    A. 佩戴首饰　　　　　　　　　　B. 不使用气味较浓的化妆品

    C. 不留长指甲　　　　　　　　　D. 不涂有色指甲油

19. 食品生产车间排水口应当设置（　　　）。

    A. 防虫设施　　　　　　　　　　B. 防臭设施

    C. 带水封的地漏　　　　　　　　D. 以上都对

20. 关于调饮店的迎宾服务，下列说法正确的是（　　　）。

    A. 让客人自己找座位　　　　　　B. 引导客人到合适的座位

    C. 立即点单　　　　　　　　　　D. 立即上餐

21. 关于食品加工人员卫生要求的说法，以下表述不正确的是（　　　）。

    A. 进入作业区域不应配戴饰物、手表

B. 进入作业区域不应染指甲、喷洒香水但可以喝水进食

C. 进入作业区域不得携带或存放与食品生产无关的个人用品

D. 进入作业区域应规范穿着洁净的工作服

22. 调饮师的素养主要包括（　　　）。

　　A. 个人修养　　　　B. 心理素质　　　　C. 专业素质　　　　D. 以上都有

23. 当顾客带宠物来消费时，错误的处理方法是（　　　）。

　　A. 提示顾客看管好宠物　　　　　　　　B. 协助顾客照顾宠物

　　C. 带顾客到较偏的座位　　　　　　　　D. 替顾客照顾宠物

24. 调饮店营业结束后，消耗品和原材料的摆放要求错误的是（　　　）。

　　A. 分类摆放　　　　　　　　　　　　　B. 有序摆放

　　C. 按先进先出原则摆放　　　　　　　　D. 按后进先出原则摆放

25. 避免熟食受到各种病原菌污染的措施中错误的是（　　　）。

　　A. 接触直接入口食品的人要经常洗手但不消毒

　　B. 保持食品加工操作场所清洁

　　C. 避免昆虫、鼠类等接触食品

　　D. 避免生食品与熟食品接触

26. 留样食品的留样数量不少于（　　　）。

　　A. 20克　　　　　　B. 50克　　　　　　C. 75克　　　　　　D. 125克

27. 留样食品应保留（　　　）小时以上。

　　A. 12　　　　　　　B. 24　　　　　　　C. 36　　　　　　　D. 48

28. （　　　）不属于饮品的风味指标。

　　A. 听觉　　　　　　B. 嗅觉　　　　　　C. 味觉　　　　　　D. 视觉

29. 调饮奶茶时，茶量与奶量比例协调，搭配高级调饮红茶，汤色应为（　　　）。

　　A. 灰白色　　　　　B. 粉红色　　　　　C. 姜白色　　　　　D. 乳白色

30. 关于食品生产企业仓储设施的说法，以下表述不正确的是（　　　）。

　　A. 清洁剂、消毒剂、杀虫剂等应与原料、成品等分隔放置

　　B. 应具有与所生产产品的数量、贮存要求相适应的仓储设施

　　C. 原料等贮存物品应贴墙放置

　　D. 原料、半成品、成品、包装材料等应依据性质的不同分设贮存场所，或分区域码
　　　　放，并有明确标识

31. 根据《食品安全国家标准　食品生产通用卫生规范》（GB 14881—2013），食品生产
　　企业库房内的清洁剂、消毒剂应与原料、成品等（　　　）放置。

　　A. 分离　　　　　　B. 远离　　　　　　C. 分隔　　　　　　D. 混合

32. 食品生产许可证（　　　）。

    A. 正本和副本具有同等法律效力

    B. 正本的法律效力大于副本的法律效力

    C. 正本的法律效力小于副本的法律效力

    D. 副本不具有法律效力

33. 关于花草茶的功效与作用，以下说法正确的是（　　　）。

    A. 常喝花草茶对于急性肝炎和肠道疾病有一定的防治功效

    B. 可辅助保护人体心、肝、脾、肺、肾五脏

    C. 可预防心血管疾病，可有效治疗高血压、心肌梗死等疾病，可惜降血脂效果一般

    D. 以上说法都是正确的

34. 调饮师在服务中与顾客交流时要（　　　）。

    A. 态度和蔼、热情友好　　　　　　　B. 低声说话、缓慢和气

    C. 快速回答、简单明了　　　　　　　D. 严肃认真、语气平和

35. 以下不属于饮料常用食用合成色素的是（　　　）。

    A. β - 胡萝卜素　　　　　　　　　　B. 胭脂红及其铝色淀

    C. 靛蓝及其铝色淀　　　　　　　　　D. 赤藓红及其铝色淀

36. 在宋代，（　　　）是茶道活动的主要群体。

    A. 诗人　　　　　　B. 市民　　　　　　C. 文人　　　　　　D. 贵族

37. 红茶可分为（　　　）、工夫红茶和红碎茶三类。

    A. 祁门红茶　　　B. 印度红茶　　　C. 小种红茶　　　D. 进口红茶

38. 红茶类属于全发酵茶类，故其茶叶颜色深红，茶汤呈（　　　）。

    A. 橙红色　　　　B. 朱红色　　　　C. 紫红色　　　　D. 黄色

39. 基本茶类分为不发酵的绿茶类及（　　　）的黑茶类等，共六大茶类。

    A. 重发酵　　　　B. 后发酵　　　　C. 轻发酵　　　　D. 全发酵

40. 红茶、绿茶、乌龙茶香气的主要特点是（　　　）。

    A. 红茶清香，绿茶甜香，乌龙茶浓香

    B. 红茶甜香，绿茶花香，乌龙茶熟香

    C. 红茶浓香，绿茶清香，乌龙茶甜香

    D. 红茶甜香，绿茶板栗香，乌龙茶花香

41. 判断好茶的客观标准主要从茶叶外形的匀整、色泽、（　　　）、净度来看。

    A. 韵味　　　　　B. 叶底　　　　　C. 品种　　　　　D. 香气

42. 茶叶中含有（　　　）多种化学成分。

    A. 100　　　　　　B. 300　　　　　　C. 600　　　　　　D. 1000

43. 餐饮服务提供者发生食物中毒后，应立即采取的措施是（　　　）。

    A. 停止经营，封存可能导致事故的食品及原料、工具、设备

    B. 清扫现场，搞好室内外卫生

    C. 废弃剩余食品

    D. 调换加工人员

44. 不同季节的茶叶中维生素含量最高的是（　　　）。

    A. 春茶　　　　　　B. 暑茶　　　　　　C. 秋茶　　　　　　D. 冬片

45. 武夷岩茶是（　　　）乌龙茶的代表。

    A. 闽北　　　　　　B. 闽南　　　　　　C. 台南　　　　　　D. 台北

46. 白茶的香气特点是（　　　）。

    A. 陈香　　　　　　B. 蜜香　　　　　　C. 毫香　　　　　　D. 花香

47. 普洱茶外形条索肥壮紧结，色泽乌褐或褐红，香气有独特（　　　），滋味陈醇，汤色红浓。

    A. 陈香　　　　　　B. 焦香　　　　　　C. 果香　　　　　　D. 甜香

48. （　　　）的外形条索肥壮重实，色泽乌润显毫，滋味浓醇，收敛性强。

    A. 祁红　　　　　　B. 滇红　　　　　　C. 川红　　　　　　D. 湖红

49. 茶饮的保健功能不包括（　　　）。

    A. 除口臭　　　　　B. 保肝脏　　　　　C. 抗辐射　　　　　D. 安神

50. 最早记载茶为药用的书籍是（　　　）。

    A.《北苑别录》　　B.《神农本草》　　C.《茶谱》　　　　　D.《茶经》

51. 冬天天气寒冷时，喝（　　　），或者将其调制成奶茶，有生热暖胃之效。

    A. 花茶　　　　　　B. 绿茶　　　　　　C. 乌龙茶　　　　　D. 红茶

52. 茶叶中的多酚类物质主要由（　　　）、黄酮类化合物、花青素和酚酸组成。

    A. 叶绿素　　　　　B. 茶黄素　　　　　C. 儿茶素　　　　　D. 茶红素

53. 茶叶储存应避免光线照射，因为光线可加速各种（　　　），对茶叶储存极为不利。

    A. 化学反应　　　　B. 物理反应　　　　C. 分解反应　　　　D. 脂质反应

54. 绿茶需现泡现饮，最适合用（　　　）的水冲泡。

    A. 80~90℃　　　　B. 85~95℃　　　　C. 75~80℃　　　　D. 75~95℃

55. 牛奶的最佳打发温度为（　　　）。

    A. 20℃　　　　　　B. 4℃　　　　　　C. 65℃　　　　　　D. 37℃

56. 适合水果茶的茶底是（　　　）。

    A. 乌龙茶　　　　　B. 普洱茶　　　　　C. 黑茶　　　　　　D. 岩茶

57. 乳化剂在饮料中的作用是（　　　）。

   A. 提升口感　　　B. 防止分层　　　C. 改善外观　　　D. 产生风味

58. 青金橘主产于我国海南省及越南，又名青橘、山橘、年橘、绿橘，英文是 lime，海南人俗称（　　　）。

   A. 公孙橘　　　B. 金橘　　　C. 酸柑　　　D. 柠檬

59. （　　　）即朱栾，又称葡萄柚，含有宝贵的天然维生素 P 和维生素 C，是含糖分较少的水果，富含钾而几乎不含钠。

   A. 柠檬　　　B. 耙耙柑　　　C. 丑橘　　　D. 西柚

60. 橙子起源于（　　　），橙树属小乔木。

   A. 东南亚　　　B. 南亚　　　C. 东亚　　　D. 西亚

61. （　　　）又称黄果、柑子、金环、柳丁。

   A. 柠檬　　　B. 橙子　　　C. 柚子　　　D. 柑

62. （　　　）营养价值丰富，被誉为"水果皇后"。

   A. 香蕉　　　B. 苹果　　　C. 草莓　　　D. 梨

63. 打发后的动物脂奶油的稳定性能持续（　　　）左右，所以奶油打发后，应尽早使用。

   A. 30 分钟　　　B. 1 小时　　　C. 4 小时　　　D. 6 小时

64. 使用果汁机时（　　　）。

   A. 应将水果等材料直接塞入容器里

   B. 应将水果等材料切成小块后再放入容器里

   C. 应自始至终高速旋转

   D. 应敞开盛水果的容器盖

65. 原果汁是由（　　　）果汁制成。

   A. 60% 以上　　　B. 75% 以上　　　C. 80% 以上　　　D. 100%

66. （　　　）是混浊果蔬汁和带肉饮料加工中的特有工序。

   A. 均质　　　B. 过滤　　　C. 脱气　　　D. 浓缩

67. 决定汽水风味的决定性因素是（　　　）。

   A. 碳酸化　　　B. 糖浆调和　　　C. 糖酸比　　　D. 二氧化碳含量

68. 以下操作规范正确的是（　　　）。

   A. 操作人员应保持手部清洁，佩戴口罩和手套等防护用品

   B. 在制作饮品过程中，应避免交叉污染，使用不同的工具和容器处理不同的原料

   C. 饮品制作完成后，应尽快饮用或冷藏保存，避免长时间放置在室温下，以免滋生细菌

   D. 以上都是

69. （　　）不是调饮时常用的设备。

    A．打气机　　　　　B．制冰机　　　　　C．榨汁机　　　　　D．搅拌机

70. 压力式半自动咖啡机蒸汽喷头的清洁要求是（　　）。

    A．每次用完蒸汽喷头都要适当空喷蒸汽后用干毛巾擦干，避免留下污痕，并且用洗洁精清洗，日营业结束后也可以用清水浸泡

    B．每次用完蒸汽喷头都要适当空喷蒸汽后用湿毛巾擦干，日营业结束后也可以用清水浸泡

    C．每次用完蒸汽喷头后适当空喷蒸汽，不必用毛巾擦干，到日营业结束后再用清水浸泡清洗

    D．每次用完蒸汽喷头都要立即用温毛巾擦干净，日营业结束后不可以用清水浸泡

71. 过量饮用咖啡对人体的不良影响有（　　）。

    A．导致血压升高　　　　　　　　　B．预防胆结石

    C．抗氧化　　　　　　　　　　　　D．促进血液循环

72. 关于咖啡豆烘焙程度对风味的影响，下列说法正确的是（　　）。

    A．烘焙程度越深，口味越好

    B．烘焙程度越浅，口味越好

    C．适当的烘焙程度能够较好体现咖啡的风味

    D．咖啡豆烘焙程度对风味影响不大

73. 咖啡中的（　　）会造成心跳加速。

    A．单宁酸　　　　　B．碳水化合物　　　　　C．咖啡因　　　　　D．葡萄糖

74. 在烘焙过程中，温度越高，咖啡豆（　　）。

    A．越重　　　　　B．体积越小　　　　　C．颜色越深　　　　　D．口味越酸

75. 曼特宁咖啡给我们的风味印象是（　　）。

    A．高醇、浓郁　　　B．花香、橘味　　　C．奶油、杏桃味　　　D．饼干、焦糖味

76. 世界上第一部茶书是（　　）。

    A．《补茶经》　　　B．《续茶谱》　　　C．《茶经》　　　　D．《茶录》

77. 下列选项中，不属于印度尼西亚曼特宁咖啡豆特征的是（　　）。

    A．酸度低　　　　　　　　　　　　B．大小均匀

    C．有桂皮的味道　　　　　　　　　D．颗粒比较饱满

78. 美式咖啡的特点是（　　）。

    A．浓郁　　　　　B．清香　　　　　C．低酸　　　　　D．以上都是

79. 长期饮用咖啡，对2型糖尿病的影响说法错误的是（　　）。

    A．长期饮用咖啡，2型糖尿病的发生概率低

B．降低患病风险

C．长期饮用咖啡，2型糖尿病的发生概率高

D．2型糖尿病高危人群建议适量增加饮用量

80．最早习惯饮用浓缩咖啡的国家是（　　　　）。

　　A．巴西　　　　　　　B．美国　　　　　　　C．意大利　　　　　　D．哥伦比亚

81．果汁的灌装一般采用（　　　　）。

　　A．冷灌装　　　　　　B．热灌装　　　　　　C．压差式灌装　　　　D．人工灌装

82．目前比较常用的灌装方法是（　　　　）。

　　A．等压式灌装　　　　B．压差式灌装　　　　C．负压式灌装　　　　D．变压式灌装

83．以下不是雪克壶作用的一项是（　　　　）。

　　A．增加口感的层次　　　　　　　　　　　　　B．确保饮品的混合效果和口感

　　C．使饮品降温　　　　　　　　　　　　　　　D．给顾客使用

84．中国最早种植咖啡的省份是（　　　　）。

　　A．海南　　　　　　　B．福建　　　　　　　C．四川　　　　　　　D．云南

85．鲜奶创意饮品是水吧重要的产品系列，常见的产品有（　　　　）。

　　A．果茶、萃取茶、再加工茶

　　B．奶茶、可可乳饮、咖啡乳饮、水果乳饮

　　C．可可乳饮、茶酒、奶茶

　　D．奶茶、可可乳饮、花茶

86．以下不属于鲜奶创意饮品的是（　　　　）。

　　A．奶茶　　　　　　　B．美式咖啡　　　　　C．拿铁咖啡　　　　　D．水果乳饮

87．在打发无糖型奶油时，可以直接加入（　　　　）。

　　A．糖水　　　　　　　B．砂糖　　　　　　　C．糖粉　　　　　　　D．糖浆

88．每一位从业人员要认真对待自己的岗位，无论在任何时候，都要尊重自己的（　　　　）。

　　A．岗位职责　　　　　B．工作岗位　　　　　C．岗位责任　　　　　D．岗位权限

89．打奶泡前清空蒸汽喷嘴的目的是（　　　　）。

　　A．排气　　　　　　　B．降低锅炉压力　　　C．排出冷凝水　　　　D．清洁喷嘴

90．以下是植物奶基底的是（　　　　）。

　　A．杏仁奶　　　　　　B．燕麦奶　　　　　　C．豆奶　　　　　　　D．以上都是

91．在制备饮品基底时，要注意（　　　　）。

　　A．食材的搭配，不同的搭配会产生不同的效果和口感

　　B．选择优质的原材料，确保口感和品质

　　C．注意卫生，保持制作工具和容器的清洁

D. 以上都是

92. 地下水比较澄清，但含有比较多的（　　）和盐分。

　　A. 泥沙　　　　　　B. 矿物质　　　　　C. 腐殖质　　　　　D. 混浊物

93. 常用的带软水功能的净水器中，滤芯的合理安装顺序依次是（　　）。

　　A. 活性炭、过滤棉、树脂　　　　　　B. 过滤棉、活性炭、树脂

　　C. 树脂、过滤棉、活性炭　　　　　　D. 活性炭、树脂、过滤棉

94. 奶盖通常用（　　）制成。

　　A. 奶油　　　　　　B. 牛奶　　　　　　C. 芝士　　　　　　D. 以上都是

95. 人体必需的营养素有（　　）。

　　A. 碳水化合物、矿物质、蛋白质

　　B. 碳水化合物、脂肪、蛋白质、矿物质和水

　　C. 碳水化合物、脂肪、维生素、矿物质和水

　　D. 碳水化合物、脂肪、蛋白质、维生素、矿物质和水

96. 标准化出品的目的是（　　）。

　　A. 帮助定价　　　　B. 统一出品　　　　C. 便于管理　　　　D. 提高工作效率

97. （　　）不属于检验调饮师技能的操作。

　　A. 意式咖啡机的操作　　　　　　　　B. 创意饮品制作

　　C. 熟练制作，速度快　　　　　　　　D. 鸡尾酒制作

98. 以下不属于调饮师职业守则的是（　　）。

　　A. 热爱专业，忠于职守　　　　　　　B. 解答顾客一切问题

　　C. 礼貌待客，热情服务　　　　　　　D. 真诚守信，一丝不苟

99. 下列选项中，不符合职业道德规范的是（　　）。

　　A. 清洁工人打扫的街面清洁卫生

　　B. 所乘车辆的司售人员提供令人满意的服务

　　C. 销售人员出售过期食品

　　D. 咖啡师提供高品质的咖啡饮品

100. （　　）有着独特的风味。

　　A. 蔗糖浆　　　　　B. 果糖浆　　　　　C. 蜂蜜　　　　　　D. 桂花糖浆

101. 不同的茶叶有着不同的萃取参数，红茶的萃取参数是（　　）。

　　A. 水温90~95℃，1~2分钟　　　　　　B. 水温90~95℃，3~5分钟

　　C. 水温75~85℃，1~2分钟　　　　　　D. 水温75~85℃，3~5分钟

102. 果蔬中具有收敛性涩味的物质是（　　）。

　　A. 磷酸　　　　　　B. 氨基酸　　　　　C. 维生素　　　　　D. 单宁

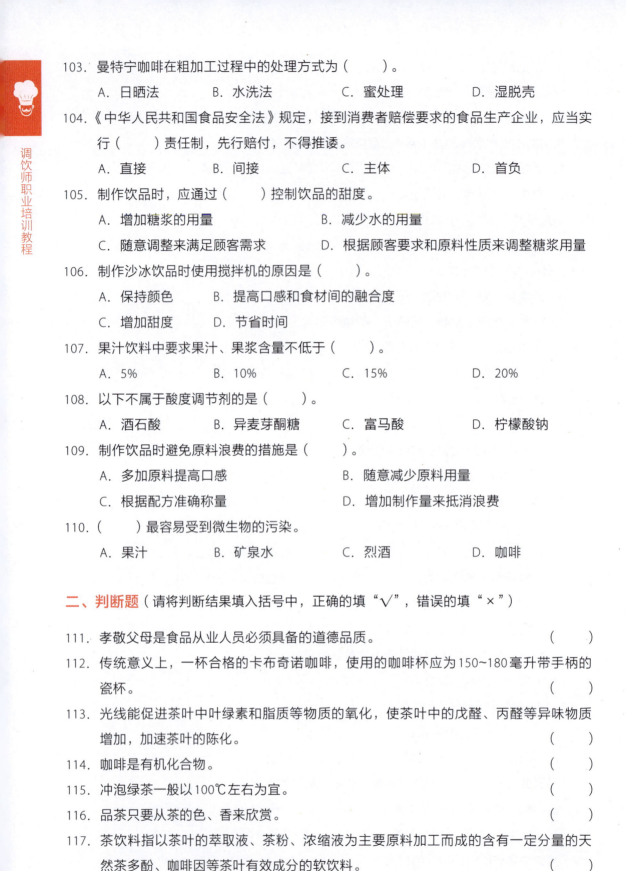

103. 曼特宁咖啡在粗加工过程中的处理方式为（　　　）。

    A. 日晒法   B. 水洗法   C. 蜜处理   D. 湿脱壳

104. 《中华人民共和国食品安全法》规定，接到消费者赔偿要求的食品生产企业，应当实行（　　　）责任制，先行赔付，不得推诿。

    A. 直接   B. 间接   C. 主体   D. 首负

105. 制作饮品时，应通过（　　　）控制饮品的甜度。

    A. 增加糖浆的用量   B. 减少水的用量

    C. 随意调整来满足顾客需求   D. 根据顾客要求和原料性质来调整糖浆用量

106. 制作沙冰饮品时使用搅拌机的原因是（　　　）。

    A. 保持颜色   B. 提高口感和食材间的融合度

    C. 增加甜度   D. 节省时间

107. 果汁饮料中要求果汁、果浆含量不低于（　　　）。

    A. 5%   B. 10%   C. 15%   D. 20%

108. 以下不属于酸度调节剂的是（　　　）。

    A. 酒石酸   B. 异麦芽酮糖   C. 富马酸   D. 柠檬酸钠

109. 制作饮品时避免原料浪费的措施是（　　　）。

    A. 多加原料提高口感   B. 随意减少原料用量

    C. 根据配方准确称量   D. 增加制作量来抵消浪费

110. （　　　）最容易受到微生物的污染。

    A. 果汁   B. 矿泉水   C. 烈酒   D. 咖啡

二、判断题（请将判断结果填入括号中，正确的填"√"，错误的填"×"）

111. 孝敬父母是食品从业人员必须具备的道德品质。   （　　　）

112. 传统意义上，一杯合格的卡布奇诺咖啡，使用的咖啡杯应为150~180毫升带手柄的瓷杯。   （　　　）

113. 光线能促进茶叶中叶绿素和脂质等物质的氧化，使茶叶中的戊醛、丙醛等异味物质增加，加速茶叶的陈化。   （　　　）

114. 咖啡是有机化合物。   （　　　）

115. 冲泡绿茶一般以100℃左右为宜。   （　　　）

116. 品茶只要从茶的色、香来欣赏。   （　　　）

117. 茶饮料指以茶叶的萃取液、茶粉、浓缩液为主要原料加工而成的含有一定分量的天然茶多酚、咖啡因等茶叶有效成分的软饮料。   （　　　）

118. 茶叶中的茶多酚具有辅助降血脂、降血糖、降血压的药理作用。   （　　　）

119. 奶类饮品指以纯奶、豆浆奶、燕麦奶、椰奶、淡奶油等乳类产品为主要添加辅料的饮品。　　　　　　　　　　　　　　　　　　　　　　　　　　（　　）

120. 食品样本的保留不少于120克，保留24小时以上。　　　　　　　　　（　　）

121. 固体饮料造粒的主要目的是提高速溶性、增加流动性、减少分散性和吸湿性等。

（　　）

122. 茶是和平的象征，通过各种茶事活动可以增加各国人民之间的相互了解和友谊。

（　　）

123. 普洱茶若保存方法不正确，储存的年份不一定越久越好。　　　　　　（　　）

124. 茶浓缩液或纯茶粉溶解液不属于纯茶。　　　　　　　　　　　　　　（　　）

125. 爱岗敬业就是全心全意忠于自己的职责和岗位。　　　　　　　　　　（　　）

126. 绿茶有一定的抑菌、抗辐射、防血管硬化、降血压的疗效。　　　　　（　　）

127. 茶氨酸是茶叶中特有的成分，是茶叶风味的主要来源。　　　　　　　（　　）

128. 果蔬汁饮料是以水果和（或）蔬菜（包括可食的根、茎、叶、花、果实等）为原料，经加工或发酵制成的饮料。　　　　　　　　　　　　　　　　　　　（　　）

129. 乳化剂和增稠剂配合使用可以提高饮品的稳定性。　　　　　　　　　（　　）

130. 茶饮料（茶汤）指的是纯茶饮料，是茶叶加水浸提得到的萃取液。　　（　　）

131. 大吉岭红茶的品种来自中国。　　　　　　　　　　　　　　　　　　（　　）

132. 决定汽水风味的关键因素是酸甜比，可以使用酒石酸、富马酸、柠檬酸钠对饮品的酸度进行调节。　　　　　　　　　　　　　　　　　　　　　　　　（　　）

133. 调饮茶的验收是确保饮品品质、新鲜度和安全的关键环节。　　　　　（　　）

134. 大吉岭红茶被誉为"红茶中的香槟"。　　　　　　　　　　　　　　　（　　）

135. 肯尼亚红茶是世界三大高香红茶之一。　　　　　　　　　　　　　　（　　）

136. 饮茶有讲究，春饮花茶、夏饮绿茶、秋饮青茶、冬饮红茶。　　　　　（　　）

137. 在品鉴会上，调饮师应该遵循自己的专业判断，不受顾客的影响。　　（　　）

138. 热饮和冷饮的制作流程是完全不同的。　　　　　　　　　　　　　　（　　）

139. 不含酒精的饮料称为软饮料。　　　　　　　　　　　　　　　　　　（　　）

140. 引起嗅觉的刺激物必须具有挥发性及可溶性。　　　　　　　　　　　（　　）

141. 瓶装饮用水允许添加适量防腐剂。　　　　　　　　　　　　　　　　（　　）

142. 碳酸饮料指充有二氧化碳气体的软饮料。　　　　　　　　　　　　　（　　）

143. 冰箱上不应堆放重物，以免冰箱倾倒。　　　　　　　　　　　　　　（　　）

144. 食品生产许可证正本比副本具有更高的法律效力。　　　　　　　　　（　　）

145. 茶饮料中茶的成分占比70%以上。　　　　　　　　　　　　　　　　（　　）

146. 在门店的出品流程中，检查饮品质量是可有可无的环节，因为制作过程中已经精确

称量了。　　　　　　　　　　　　　　　　　　　　　　　（　　　）

147. 杀菌乳不能常温储存，需低温冷藏储存，保质期为2~15天。　　　（　　　）

148. 蒙古高原是游牧民族的故乡，也是奶茶的发源地，最正宗的奶茶就是蒙古奶茶。
　　　　　　　　　　　　　　　　　　　　　　　　　　　　　　　（　　　）

149. 调饮师的职业道德素养包括尊重客人、诚实守信、精益求精、忠于职守等。（　　　）

150. 以生鲜牛（羊）乳或复原乳为主要原料，添加或不添加辅料，经杀菌、浓缩，制成的
　　　黏稠态产品是乳酪。　　　　　　　　　　　　　　　　　　　　（　　　）

151. 调饮师应具有娴熟介绍产品和礼貌用语的表达能力，能够倾听顾客的需求和偏好，
　　　并据此提供个性化服务。　　　　　　　　　　　　　　　　　　（　　　）

152. 为了帮助顾客，调饮师应答应顾客照看宠物的要求。　　　　　　　（　　　）

153. 最适宜细菌繁殖的温度在6~60℃，开封后需冷藏的食品在此范围内放置超过4小时
　　　必须废弃。　　　　　　　　　　　　　　　　　　　　　　　　（　　　）

154. 调饮师应关注行业动态，不断优化产品和服务，提升顾客体验。　　（　　　）

155. 豆浆属于乳类饮料。　　　　　　　　　　　　　　　　　　　　　（　　　）

156. 面对顾客的投诉，调饮师听听就好，后面不用管。　　　　　　　　（　　　）

157. 食品安全工作的原则是实行预防为主、风险管理、全程控制、社会共治，通过落实
　　　这四项原则来建立科学、严格的监督管理制度。　　　　　　　　（　　　）

158. 调饮师应定期对投诉情况进行分析，找出问题原因，制订改进措施。（　　　）

159. 食品抽检由食品生产经营者无偿提供被抽检的食品。　　　　　　　（　　　）

160. 为了保证饮品口感，应尽量减少使用新鲜果汁。　　　　　　　　　（　　　）

161. 调饮师需关注顾客在店内的体验，适时提供帮助，如提供纸巾。　　（　　　）

162. 员工要定期进行专业知识和技能培训，提高服务质量。　　　　　　（　　　）

163. 顾客投诉时调饮师应站在顾客的角度，理解他们的需求和感受。　　（　　　）

164. 调饮师的职业道德属于服务行业的职业道德范畴。　　　　　　　　（　　　）

165. 精益求精是做一名合格调饮师的基本条件。　　　　　　　　　　　（　　　）

166. 调制热饮时，使用玻璃杯更能保持饮品的温度。　　　　　　　　　（　　　）

167. 职业道德指从事一定职业的人们，在工作和劳动过程中，所遵循的与其职业活动紧
　　　密联系的道德原则和规范的总和。　　　　　　　　　　　　　　（　　　）

168. 遵守职业道德的必要性和作用体现在促进个人道德修养的提高，与促进行风建设
　　　无关。　　　　　　　　　　　　　　　　　　　　　　　　　　（　　　）

169. 意式浓缩咖啡中的油脂是香气的来源，所以油脂越多越好。　　　　（　　　）

170. 工作是为了生存，无须尊重该职业。　　　　　　　　　　　　　　（　　　）

171. 精益求精是做一名合格员工的基本条件。　　　　　　　　　　　　（　　　）

172. 调饮师是对茶叶、水果、奶及其制品等原辅料，通过色彩搭配、造型和营养成分配比等，完成口味多元化调制饮品的人员。 （   ）

173. 调饮行业是服务行业，调饮师的中心任务就是服务。 （   ）

174. 调饮师必须遵守专业餐饮管理的各项工作规程，要在工作实践中遵守职业道德。 （   ）

175. 如服务人员无法回答客人问题，可以礼貌地说"对不起，我不知道"。 （   ）

176. 顾客满意度调查表不属于与顾客沟通的方式。 （   ）

177. 增强责任意识，首先要增强职责履行意识。 （   ）

178. 男性调饮师的头发可以遮眉、侧不过耳、后不过领，没有大鬓角，没有头屑。 （   ）

179. 顾客提出的要求都应满足。 （   ）

180. 推销业务交往中调饮师可主动索要顾客的名片，以示尊重。 （   ）

181. 果汁饮料中要求果汁（浆）含量不低于20%。 （   ）

182. 乌龙茶的基底是用80℃左右的热水冲泡乌龙茶，时间在3~4分钟。 （   ）

183. 营业结束时，应将洗净的过滤布置于盛有清水的有盖容器中冷藏保存。 （   ）

184. 低因咖啡中不含有咖啡因。 （   ）

185. 饮品店对员工仪容仪表的要求是青春靓丽、时尚前卫。 （   ）

186. 调饮师工作时可以随意着装。 （   ）

187. 在制作饮品时，需要注意顾客提出的要求，尤其是过敏问题和特殊的饮食要求。 （   ）

188. 吧台要考虑各设备充足的摆放空间及员工人体臂展长度。 （   ）

189. 浓缩咖啡指意式咖啡。 （   ）

190. 果汁豆乳饮料是植物蛋白饮料。 （   ）

191. 调饮师在没有顾客的情况下，可随时闲聊，或者做和工作无关的事情。 （   ）

192. 高血压患者适合饮用咖啡，咖啡中的咖啡因可以有效降低血压。 （   ）

193. 调饮师在制作饮品时，需要注意饮品的保质期和保存方法。 （   ）

194. 食品生产经营者应当建立并执行从业人员健康管理制度，不得让有传染性疾病的人员从事接触直接入口食品。 （   ）

195. 品鉴茶饮品时，茶叶的品质和种类对茶饮品没有任何影响。 （   ）

196. 使用过期原料制作饮品不会对饮品质量造成影响。 （   ）

197. 作为防腐剂的苯甲酸应严格控制使用量，但苯甲酸钠没有使用限量。 （   ）

198. 营养素包括三大营养素和微量营养素。 （   ）

199. 味觉通过舌面上的味蕾来获得，味道感知的顺序最后一个是辣味。 （   ）

200. 决定茶汤色泽的主体成分是茶多酚。 （   ）

201. 蛋白质会与单宁发生聚合作用。 （   ）

202. 世界上第一部茶书的作者是陆羽。 （   ）

203. 人体对咸味的感知比苦味慢。 （   ）

204. 绿茶是不发酵茶，具有红汤红叶的特征。 （   ）

205. 除水果、蔬菜、茶、咖啡外，以植物或植物抽提物为原料，经加工和发酵制成的饮料称为植物饮料。 （   ）

206. 双份意式浓缩咖啡的味道一定要比单份意式浓缩咖啡的味道强烈。 （   ）

207. 作为防腐剂的苯甲酸及苯甲酸钠有使用限量，但山梨酸钾没用使用限量。 （   ）

208. 白茶具有清汤绿叶的特征。 （   ）

209. 违反《中华人民共和国食品卫生法》规定，造成食物中毒事故的，责任人只承担民事赔偿责任。 （   ）

210. 职业道德与职业技能没有关系。 （   ）

参考答案

参考答案

一、单项选择题

1. A	2. D	3. D	4. D	5. D	6. A	7. A	8. D	9. B	10. C
11. A	12. A	13. B	14. A	15. B	16. D	17. A	18. A	19. D	20. B
21. B	22. D	23. D	24. D	25. A	26. D	27. D	28. A	29. B	30. C
31. C	32. A	33. B	34. A	35. A	36. C	37. C	38. B	39. B	40. D
41. D	42. C	43. A	44. A	45. A	46. C	47. A	48. B	49. D	50. B
51. D	52. C	53. A	54. A	55. A	56. A	57. B	58. A	59. D	60. A
61. B	62. C	63. C	64. B	65. D	66. A	67. C	68. D	69. A	70. B
71. A	72. C	73. C	74. C	75. A	76. C	77. C	78. B	79. C	80. C
81. B	82. A	83. B	84. D	85. B	86. B	87. C	88. A	89. C	90. D
91. D	92. B	93. B	94. D	95. D	96. C	97. B	98. B	99. C	100. D
101. B	102. D	103. D	104. D	105. D	106. B	107. B	108. B	109. C	110. A

二、判断题

111. ×	112. √	113. √	114. √	115. ×	116. ×	117. √	118. √	119. √	120. ×
121. √	122. √	123. √	124. ×	125. √	126. √	127. √	128. √	129. √	130. √
131. √	132. √	133. ×	134. √	135. ×	136. √	137. ×	138. ×	139. √	140. √
141. ×	142. √	143. √	144. ×	145. ×	146. ×	147. √	148. √	149. √	150. √
151. √	152. ×	153. √	154. √	155. ×	156. ×	157. √	158. √	159. ×	160. ×
161. √	162. √	163. √	164. √	165. √	166. ×	167. √	168. ×	169. √	170. ×
171. √	172. √	173. √	174. √	175. ×	176. ×	177. √	178. √	179. ×	180. ×
181. ×	182. ×	183. √	184. ×	185. √	186. ×	187. √	188. √	189. √	190. √
191. ×	192. ×	193. √	194. √	195. ×	196. ×	197. ×	198. √	199. √	200. ×
201. √	202. √	203. ×	204. ×	205. √	206. ×	207. ×	208. ×	209. √	210. ×

参考文献

[1] 人力资源和社会保障部教材办公室. 职业道德 [M]. 4 版. 北京: 中国劳动社会保障出版社, 2020.

[2] 中华人民共和国人力资源和社会保障部, 中华全国供销合作总社. 调饮师: GZB4-03-02-10 [S]. 北京: 中国劳动社会保障出版社, 2023.

[3] 中华人民共和国农业部. 绿色食品 茶饮料: NY/T 1713—2009 [S]. 北京: 中国农业出版社, 2009.

[4] 刘仲华. 武夷岩茶品质化学与健康密码 [M]. 长沙: 湖南科学技术出版社, 2022.

[5] 周爱东, 马淳沂. 茶艺师 (技师、高级技师) [M]. 北京: 机械工业出版社, 2021.

[6] 屠幼英, 何普明. 茶与健康 [M]. 杭州: 浙江大学出版社, 2021.

[7] 赵芸. 新中式茶饮入门到进阶 [M]. 北京: 中国轻工业出版社, 2024.

[8] 卫明, 何翠欢. 中国茶疗法 [M]. 北京: 人民卫生出版社, 2021.

[9] 欧阳道坤. 预见中国茶 [M]. 成都: 电子科技大学出版社, 2024.